Dr. Einhard Bezzel

Praktische Tips,
Vogelschutz,
Nisthilfen,
Fotografie

VÖGEL beobachten

CIP-Titelaufnahme der Deutschen Bibliothek

Bezzel, Einhard:
Vögel beobachten: praktische Tips, Vogelschutz, Nisthilfen, Fotografie / Einhard Bezzel. –
2., überarb. Aufl. (Neuausg.). –
München; Wien; Zürich: BLV, 1989
1. Aufl. u. d. T.: Bezzel, Einhard: Mein Hobby: Vögel beobachten
ISBN 3-405-13735-7

BLV Verlagsgesellschaft mbH, München Wien Zürich
8000 München 40

2. überarbeitete Auflage (Neuausgabe)

Satz und Druck: Appl, Wemding
Bindung: Bückers, Anzing

Printed in Germany · ISBN 3-405-13735-7

Bildnachweis:
Archiv Vogelwarte Radolfzell: 169
Bezzel: 28 M, 28 u, 29, 53 u, 61 o, 63, 64 o, 69, 91 o, 93, 96, 114, 143, 150
Bracht: 151
Diedrich: 104
Danegger: 41, 52, 55, 76
Eisenreich: 53 o, 71, 87 M, 91 u, 100, 103 u, 130, 164
Eisenreich/Handel: 51, 91 Mr, 99
Fünfstück: 78, 87 o
Haarhaus: 47 r
Limbrunner: 20 o, 48 l, 56 o, 89, 109, 147
Moosrainer: 16, 48 r, 159 r
Pforr: 6/7, 54 r, 77
Plucinski: 85, 133
Pölking: 10, 27, 30 or, 30 u, 73, 153
Pott: 2/3, 8, 20 u, 28 o, 88 o
Reinhard: 50, 145
Schmidt: 56 u, 103 o, 105
Siebrasse: 11, 18, 19, 30 ol, 42, 47 l, 61 u, 64 u, 74, 83, 84, 91 Ml, 98, 125
Trötschel: 159 l
Weber: 54 l
Werkfoto Zeiss: 13, 14, 149
Wernicke: 87 u
Wothe: 38
Zeiniger: 124, 162

Grafiken: 106, 109, 119, 141, 172: Franz Lechner; 123 aus: Die Gartenlaube, ca. 1870; alle übrigen Grafiken: Marlene Gemke

Sonagramme S. 34, 35, 37, 39, 42, 44: Bergmann/Helb

Fotos auf dem Umschlag:
Zeiniger (Rotkehlchen, Vorderseite); Schmidt (Blaumeise, Rückseite)

Foto S. 2/3: Lachmöwen (Winterkleid)
Foto S. 6/7: Sperber (Männchen)

Vorwort

Das Beobachten der Vögel schlägt heute viele Menschen in seinen Bann. Die Zahl derer, die sich für die Vogelwelt interessieren, wächst ständig, wie nicht zuletzt das Ansteigen der Mitgliederzahlen von Gesellschaften und Vereinen für Vogelkunde und Vogelschutz zeigt. Viele Freizeitvogelkundler der verschiedensten Berufe haben als »Forscher aus Leidenschaft« Bedeutendes geleistet und nicht zuletzt deshalb spielte die Vogelkunde oder Ornithologie im Bereich der Biowissenschaften für viele Fragestellungen eine Vorreiterrolle.
Schon 1850 wurde die wichtigste wissenschaftliche Gesellschaft für Vogelkunde im deutschen Sprachraum gegründet, nämlich die Deutsche Ornithologen-Gesellschaft, auf deren jährlichen Versammlungen sich Hunderte von Berufs- und Amateurvogelkundlern zum Gedankenaustausch treffen.
Auch heute noch sind Arbeiten an Vögeln auf vielen Forschungsfeldern bahnbrechend, etwa der Orientierung, der Bioakustik, der Biorhythmik oder der Populationsdynamik und Taxonomie. Freilich sind mittlerweile viele Fragestellungen so kompliziert geworden, daß sie nur mit Einsatz moderner Technik und Statistik bearbeitet werden können und längst Bestandteile wissenschaftlicher Institutsarbeit geworden sind.
Vogelkundler waren es auch, die schon lange vor der Gründung großer Umweltschutzverbände auf die sich verändernden Lebensbedingungen unter dem Einfluß des Menschen hinwiesen. Und so hat der Vogelschutz die sich formierende Naturschutzbewegung angeführt und entscheidend beeinflußt. 90 Jahre alt wurde 1989 der Deutsche Bund für Vogelschutz mit seinen vielen Landesverbänden.
Leider muß angesichts der drohenden Verarmung unserer Umwelt der erhobene Zeigefinger am Anfang dieser Einführung in eine faszinierende Freizeitbeschäftigung für Jedermann stehen. Doch soll dabei nicht vergessen werden: Wenn Sie zum Fernglas greifen, um Vögeln zuzusehen, ist Entspannung und beglückende Entdeckerfreude garantiert, gleichgültig wie ernst Sie es mit Ihrem Hobby nehmen. Es wird bestimmt nicht langweilig und als Ausgleich zum viel beklagten Alltagsstreß ist Vogelbeobachten eine gute Wahl für eine sinnvolle Freizeitgestaltung, die Sinne schärft und Wißbegierde weckt. Ob Vogelbeobachten jung erhält, läßt sich wohl nicht beweisen. Doch wenn man auf Exkursionen die Begeisterung und Neugier verspürt, selbst nach vielen Jahren gesammelter Eindrücke und Erfahrungen, könnte man meinen, daß es so ist.

Einhard Bezzel

Inhaltsverzeichnis

Inhaltsverzeichnis

Zehn Goldene Regeln für Vogelbeobachter

Vogelbeobachten führt in die Natur hinaus, oft auch abseits der üblichen Wege für Wanderer und anderer Freizeitmenschen. Konflikte mit den Bestrebungen zur Erhaltung der Natur und Störungen empfindlicher Lebensgemeinschaften sind daher keinesfalls ausgeschlossen. Dies gilt nicht nur für Gruppenexkursionen oder gar Reisen von Vogelbeobachtern in ferne Länder, die heute so beliebt sind, sondern auch für den Einzelnen, der ruhig und scheinbar ohne die Natur im geringsten zu belasten durchs Gelände pirscht. In vielen Gebieten werden heute gerade Einzelpersonen abseits des Massentourismus zum Problem der übrig gebliebenen Ruhezonen für die Natur; Vogelbeobachter machen hier ebensowenig eine Ausnahme wie Skitouristen im Bergwald, Wildwasserfahrer, einsame Wanderer oder Bergsteiger und Angler am schilfgesäumten Seeufer.
Für Vogelbeobachter entsteht daher eine große Verantwortung für das Schicksal ihrer Lieblinge, aber auch als Vorbild für all jene, die ihr

Das Teichhuhn, ein Brutvogel an verschilften Seeufern und Flußaltwässern, ist heute auch auf vielen Parkteichen häufig geworden.

Verhalten kritisch beobachten. Ein paar Spielregeln, die von den führenden Verbänden des Vogelschutzes zusammengestellt wurden, sind also immer zu beachten; die meisten sind ohnehin Selbstverständlichkeiten. Persönliche Einschränkungen zugunsten der Vogelwelt sind heute wichtiger denn je.

1. Das Wohlergehen der Vögel kommt zuerst: Gleichgültig, ob unser spezielles Interesse der Vogelfotografie, der Vogelberingung, Tonbandaufnahmen von Vogelstimmen, wissenschaftlichen Studien oder nur einfach dem genußreichen Vogelbeobachten gilt – immer sollten wir daran denken, daß der Vogel darunter nicht leiden darf.

2. Der Lebensraum muß geschützt werden: Ein geeigneter Lebensraum ist für den Vogel von alles entscheidender Bedeutung. Wir müssen darauf bedacht sein, durch unsere Tätigkeit den Lebensraum nicht zu schädigen.

3. Störungen für die Vögel und ihren Lebensraum müssen so gering wie möglich gehalten werden: Natürlich reagieren die einzelnen Vogelarten verschieden empfindlich auf Störungen, auch tages- oder jahreszeitliche Unterschiede treten dabei auf. Gleichwohl sollten wir aber stets auf einen Mindestab-

Verhaltensregeln

Betretungsverbote oder Rechte des Grundstückseigentümers gelten natürlich auch für Vogelbeobachter! – Auf dem Verbotsschild sitzt eine Lachmöwe im Sommerkleid.

stand bedacht sein, um den Vogel nicht unnötig zu beunruhigen. Am Nest müssen Störungen unter allen Umständen vermieden werden, da sie eine zusätzliche Gefährdung von Eiern oder Jungvögeln bedeuten (z. B. durch Auskühlen, Erhöhung der Chance für Nestfeinde usw.). Jagen wir Vögel bei sehr kaltem Winterwetter hoch, verursachen wir damit für sie erhöhte Energieausgaben in einer Zeit, in der ausreichende Nahrung sehr schwer zu finden ist.

4. Nicht jeder sollte vom Brutplatz einer seltenen oder gefährdeten Vogelart erfahren: Seltene Entdeckungen können andere Vogelbeobachter, Fotografen oder gar Eiersammler veranlassen, dem Nest einen Besuch abzustatten. Geheimhaltung ist daher oft wichtig. Andererseits aber kann übertriebene Geheimniskrämerei auch verhindern, daß dem Brutplatz einer seltenen Vogelart der nötige Schutz zuteil wird. Zuverlässige Fachleute oder Fachbehörden sollten daher informiert werden bevor es zu spät ist. Verantwortlich handeln heißt auch: Nicht gleich hinausrennen, wenn wir von einem seltenen Brutvorkommen hören und unsere Anwesenheit aus wissenschaftlichen oder naturschützerischen Gründen nicht notwendig ist. Am Nest gefährden wir die Nachkommenschaft und damit die Zukunft unserer Vögel.

5. Seltene Gäste sollten nicht fortwährend beunruhigt werden: Oft sitzt ein Vogel zu ungünstig, um ihn gleich sicher zu bestimmen oder gar fotografieren zu können. Auch bei Seltenheiten oder Ausnahmeerscheinungen sollte die Beunruhigung möglichst gering sein.

6. Die Gesetze und Verordnungen zum Schutze der Natur müssen zu allen Zeiten beachtet werden.

7. Auf die Rechte der Grundeigentümer sollte Rücksicht genommen werden: Nicht überall ist Vogelbeobachtung ohne Beschränkung möglich. Die Rechte der Eigentümer sind stets zu beachten; gegebenenfalls muß man sich eine formelle Erlaubnis zum Betreten oder Befahren eines Gebietes beschaffen. Führt man eine größere Gruppe, ist die Benachrichtigung des Grundbesitzers angezeigt. Man sollte immer bedenken, daß Grundeigentümer sehr oft wichtige Partner in erfolgreichen Bemühungen zur Erhaltung der Vogelwelt sind!

8. Draußen sollte man anderen mit Rücksicht und Höflichkeit begegnen: Auch andere wollen die Natur genießen; wir sollten sie so wenig wie möglich dabei stören und nicht alle Rechte für uns in Anspruch nehmen. Sollte sich jemand ohne Grund naturfeindlich verhalten, machen wir ihn mit Nachdruck auf die Folgen seines Tuns aufmerksam.

9. Wichtige Beobachtungen sollten Fachleuten zugänglich gemacht werden: Manche unserer Ergebnisse können auch zum Schutz der Vögel beitragen. Der Kontakt zu regionalen Vogelexperten oder zu Vertretern vogelkundlicher Vereinigungen sollte daher jedem ernsthaften Vogelbeobachter ein Anliegen sein.

10. Im Ausland sollte man sich als Vogelbeobachter besonders vorbildlich verhalten: In fremden Ländern stehen Vogelbeobachter oft stärker im Mittelpunkt des Interesses als zu Hause; auswärtige Vogelbeobachter können daher durch ihr Verhalten für die Idee des Vogelschutzes werben. Auch wenn die Schutzgesetze in dem von uns besuchten Land weniger streng sind, sollten wir uns immer unseren eigenen Schutzgesetzen verpflichtet fühlen. Selbstverständlich sind besondere Bestimmungen der bereisten Länder sorgfältig zu beachten.

Am Nest müssen Störungen durch Vogelbeobachter unter allen Umständen vermieden werden. – Ein Waldlaubsänger füttert im gut versteckten Nest am Boden des Buchenwaldes seine Jungen.

Was braucht man?

Fernglas, Vogelbestimmungsbuch und ein Notizbuch - mehr braucht man zunächst nicht, um Vögel zu beobachten und um aus dem, was man gesehen hat, etwas über die einzelnen Vogelarten, ihr Verhalten und ihre Verbreitung zu erfahren. Allerdings wird sich diese einfache Grundausrüstung mit zunehmendem Interesse bald erweitern, z. B. zu einer kleinen Fachbibliothek oder komplizierteren technischen Hilfsmitteln. Geduld und gezielte Übung des Wahrnehmungsvermögens müssen allerdings dazukommen; der erfahrene Vogelbeobachter entwickelt ein Gespür für Einzelheiten, die anderen Menschen gar nicht auffallen.

Fernglas

Ohne Fernglas kommt man nicht aus, denn viele Einzelheiten, die zur Bestimmung eines Vogels notwendig sind, lassen sich aus größerer Entfernung nicht erkennen. Nur in seltenen Fällen (z. B. Futterhaus, Parkteich) wird die Fluchtdistanz der Vögel so gering, daß optische Hilfsmittel überflüssig sind.
Das Angebot an Ferngläsern ist heute sehr vielfältig; die Unterschiede in den Preisen sind dementsprechend groß. Grundsätzlich kommen für die Hand nur binokulare Gläser in Betracht (monokulare Fernrohre s. S. 175). Ein gutes Fernglas ist teuer, denn es muß eine Reihe von Kriterien wie z. B. Vergrößerung, Abbildungshelligkeit, Sehfeld, Kontrastwiedergabe, Stoßfestigkeit, Staub- und Feuchtigkeitsschutz erfüllen. Gerade wenn man sich ein Fernglas für den dauernden Gebrauch anschafft, sollte man nicht zu sehr auf niedrigen Kaufpreis bedacht sein, denn langfristig gesehen ist das teuere Modell billiger, vor allem, wenn die Firma auch für ausgelaufene Modelle noch Ersatzteile auf längere Sicht garantiert.
Als Vergrößerung haben sich 7-10fach am besten bewährt; 12fache Ferngläser kann man meist nur noch ausgeruht ruhig halten. Für höhere Vergrößerungen sollte man ein Stativ verwenden. Neben der Vergrößerung ist bei jedem Fernglas der Objektivdurchmesser angegeben: 10×40 bedeutet 10fache Vergrößerung bei einem Objektivdurchmesser von 40 mm. Als Objektiv bezeichnet man die Linse auf der dem Auge abgewandten Seite des Glases.
Der Quotient aus Objektivdurchmesser und Vergrößerung bestimmt die Größe der Austrittspupille, die wiederum die Abbildungshelligkeit im Auge beeinflußt. Bei einem Glas 10×40 ergibt sich ein Wert von $40:10 = 4$ mm. Sehr lichtstarke Ferngläser, die für die Beobachtung in tiefer Dämmerung geeignet sind, weisen 6 oder 7 mm auf. Bei geringem Licht öffnet sich die mensch-

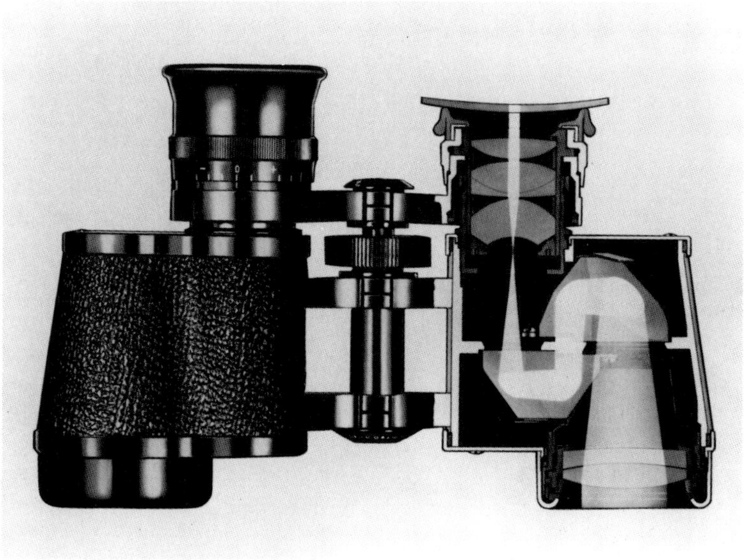

Schnitt durch einen Feldstecher 8 × 30 mit Porroprismen (oben) und Dachkantprismen (Dialytmodell, rechts). Zwischen beiden optischen Systemen besteht bei hochwertigen Modellen kein Leistungsunterschied. Die äußere Form kann also je nach individueller Handlichkeit gewählt werden.
Okular oben rechts: Brillenglas über umgestülpter Gummimuschel. Für Brillenträger sind Spezialokulare erforderlich; umstülpbare Okularmuscheln allein reichen nicht.

Was braucht man?

So sieht das Bild aus, wenn die optischen Achsen beider Fernglashälften durch Schlag oder Stoß dejustiert sind. Exakte Justierung und stabile Verbindung sind daher erforderlich.

liche Pupille auf maximal 7 mm, so daß dann die Abbildungshelligkeit voll genutzt werden kann. Die Quadratwurzel aus dem Produkt Vergrößerung und Objektivdurchmesser ergibt die Dämmerungszahl. Sie erreicht bei einem Glas 10 × 40 den Wert 20, bei einem 8 × 30 Glas dagegen 15,5. Das bedeutet, daß man bei gleichen Lichtstärken in der Dämmerung mit dem 10 × 40 Glas einen Vogel auf 200 m ebensogut sehen kann wie mit einem Glas 8 × 30 auf 155 m. Oder: Bei gleicher Entfernung sieht man den Vogel mit dem Glas 10 × 40 um fast ein Drittel heller bzw. bei abnehmendem Licht kann man mit einem Glas höherer Dämmerungsleistung länger beobachten. Am hellen Tag ist die Dämmerungsleistung ohne Bedeutung.

Die Sehfeldgröße eines Glases sollte auf 1000 m Entfernung etwa 200 bis 160 m betragen. Man achte aber darauf, daß bei großen Sehfelddurchmessern kein deutlicher Abfall der Randschärfe auftritt. Gleichmäßig hohe Bildschärfe in der Mitte und am Rand ist wichtig. Ein kontrastreiches und brillantes Bild liefern nur Ferngläser, bei denen alle Glas-Luft-Flächen (es gibt bis zu 16 in heutigen Modellen) mit einem reflexmindernden Belag (sog. Vergütung) versehen sind. Sehr gute Kontrastwiedergabe ist oft wichtiger als eine geringfügig höhere Vergrößerung!

Die Austrittspupille eines Glases, das man in 30–40 cm Abstand vor einen hellen Hintergrund hält, muß gleichmäßig hell sein und darf an den Rändern keine abgedunkelten Felder haben.

Die Mechanik eines Fernglases muß eine Dejustierung des optischen Systems durch extreme Temperaturschwankungen oder durch Stoß und Vibration möglichst verhindern. Die Brücke zwischen beiden optischen Achsen muß sehr stabil sein, damit auch bei stärkeren Beanspruchungen keine Doppelbilder entstehen. Wenn man eine horizontale und eine vertikale Linie durch das Fernglas beobachtet und dabei abwechselnd ein Auge schließt, dürfen die Linien nicht springen. Wichtig ist auch hohe Dichtigkeit

gegenüber Staub und Regen mit Hilfe von alterungs- und witterungsbeständigem Material.
Da die meisten Menschen früher oder später zu Brillenträgern zählen, sollte man beim Kauf teuerer Modelle unbedingt darauf achten, daß B-Okulare, die aufwendige optische Systeme darstellen, eingebaut sind. Nach Umstülpen der Gummimuscheln an den Okularen kann man mit jeder Korrekturbrille ohne Sehfeldverlust beobachten.
Am häufigsten sieht man heute bei erfahrenen Vogelkundlern hochwertige gummiarmierte Dialytmodelle 7–10 × 40. Manche ziehen auch Porro-Prismen vor (vgl. S. 13).

Vogelbücher

Auch sie gibt es in großer Zahl. Nur wenige sind allerdings für unsere Zwecke geeignet. Bücher, die beim sicheren Ansprechen der einzelnen Vogelarten im Freiland helfen, sollten möglichst handlich sein und Taschenbuchformat aufweisen, denn niemand will draußen dicke Wälzer herumschleppen. Größere Handbücher sind für das Studium zu Hause als Nachschlagewerke gedacht. Taschenbücher müssen sich notgedrungen kurz fassen und können daher nur das Wichtigste enthalten. Doch gibt es mehrere, die trotzdem alle Vögel Mitteleuropas oder Europas vollständig behandeln, so daß wir jede zu erwartende Vogelart beschrieben und abgebildet finden. Gute Feldführer, wie man solche Taschenbücher in Übersetzung des englischen Fachausdruckes »field guide« oft auch nennt, sollten grundsätzlich alle Vögel, die bei uns vorkommen, farbig abbilden. Im allgemeinen zieht man Zeichnungen bzw. gemalte Farbtafeln Fotografien vor, und so arbeiten von Ausnahmen abgesehen fast alle Feldführer der Welt mit farbigen Zeichnungen. Wichtig ist ferner, daß die Vögel nicht nur möglichst naturgetreu abgebildet, sondern auch alle wichtigen Bestimmungsmerkmale auf den Bildern sichtbar sind. Dies kann der Anfänger freilich beim Kauf meist nicht entscheiden, doch läßt sich an uns bereits bekannten Vögeln die Qualität der Abbildungen prüfen. Sehr rasch wird man feststellen können, ob einzelne Vögel auch in verschiedenen Kleidern dargestellt sind (näheres s. folgende Kapitel). Der Textteil sollte, übersichtlich gegliedert, das Wichtigste über Aussehen und Verhalten zusammenfassen, aber auch über die Verbreitung eines Vogels kurz informieren. Manche Feldführer zeigen die Verbreitung auf ein- oder mehrfarbigen kleinen Verbreitungskarten, die als Information auf den ersten Blick sehr nützlich sind. Einige der besten und bei Vogelbeobachtern in Mitteleuropa verbreitetsten Feldführer sind am Ende des Bu-

Was braucht man?

Der Birkenzeisig, bei uns vielfach nur Wintergast, hat neuerdings sein Brutgebiet erweitert. Nur durch sorgfältige Notizen vieler Vogelbeobachter können wir solche Veränderungen nachweisen.

ches zusammengestellt und kurz kommentiert. Ein Taschenbuch kann nicht allen Ansprüchen gerecht werden und vor allem nicht sämtliche Probleme lösen helfen. Erfahrene Vogelbeobachter haben oft mehrere Vogelbücher, um schwierige Fälle durch vergleichendes Studium zu klären.

Notizbuch

Ein kleines Notizbuch hilft, unsere ersten Eindrücke draußen festzuhalten, wenn wir uns bei der Bestimmung eines Vogels nicht sicher sind. Eindrücke verwischen schnell und oft läßt uns die Erinnerung im Stich, wenn wir erst nach Stunden zu Hause unsere Beobachtung mit den Literaturangaben vergleichen. Eine kleine Skizze an Ort und Stelle – so unbeholfen sie auch sein mag – kann sehr viel helfen und uns auch nützlich sein, wenn wir einen erfahrenen Vogelkundler später befragen wollen. Den Kontakt zu anderen Vogelbeobachtern kann kein noch so gutes Vogelbestimmungsbuch ersetzen. Die Teilnahme an Vogelwanderungen unter kundiger Führung vertieft und erweitert unsere Kenntnisse ganz entscheidend. Fast überall gibt es Orts- und Kreisgruppen von Vereinen und Verbänden für Vogelkunde und Vogelschutz. Einige Adressen s. S. 182–184.

Bestimmungshilfen

Die Natur läßt sich ihre Geheimnisse nicht so leicht entreißen. Dies gilt auch für die Vogelkunde. Die verwirrende Vielfalt der Vögel und ihrer Lebensäußerungen schreckt zunächst manchen davon ab, sich näher mit der Vogelwelt zu beschäftigen. Dabei ist das Vogelbestimmen keine Geheimwissenschaft. Es kommt auch gar nicht darauf an, von jedem Vogel unter allen Umständen die Artzugehörigkeit zu ermitteln; selbst erfahrenen Experten bleiben oft Fragezeichen. Andererseits kann ein geschulter Beobachter bereits nach einem einzigen Laut oder auf den ersten Blick in Sekundenschnelle eine sichere Diagnose stellen, was oft wie Hexerei wirkt. Wir müssen aber nur lernen, rasch verschiedene optische und akustische Merkmale zu erfassen und sie miteinander zu einem Gesamteindruck zu verarbeiten. Im Laufe der Zeit wird man durch Übung darin eine gewisse Fertigkeit erlangen, doch selbst nach jahrelanger Beschäftigung mit der Vogelwelt gibt es noch neues zu lernen und immer wieder Überraschungen. So wird Vogelbeobachten zu einer spannenden Angelegenheit, die Publizisten immer wieder mit »Detektivarbeit« verglichen. Das Vorbild des Superagenten 007, James Bond, war ein Ornithologe, nämlich der bekannte Experte der mittelamerikanischen Vogelwelt gleichen Namens!

Aller Anfang ist beim Vogelbeobachten gar nicht so schwer, denn zumindest einige Vogeltypen sind allgemein bekannt. Viele von ihnen repräsentieren große Vogelgruppen und können uns bei der Einordnung von unbekannten Vögeln helfen. Die Unterscheidung von Ente, Möwe, Taube, Adler, Schwalbe, Rabe macht im allgemeinen keine Schwierigkeiten. Doch jeder dieser Begriffe steht für eine große Auswahl an Vogelarten. Außerdem gibt es manche Gruppen, die anderen ähnlich sehen und schon auf diesem groben Niveau bei der Bestimmung zu Verwechslungen führen können. Schwalben und Segler wird man z. B. unwillkürlich in eine Gruppe stellen, obwohl sie ganz verschiedene Vogeltypen repräsentieren. Wir müssen uns also nach feineren Unterscheidungshilfen als den ersten Gesamteindrücken umsehen. Grundsätzlich bieten sich an: Größe, Gestalt, Bewegung und Verhalten, Lebensraum. Die vor allem beim Durchblättern der bunten Bilder in den Bestimmungsbüchern auffallenden Farben sind besonders für die Endphase der Bestimmung wichtig, nämlich der Unterscheidung der einzelnen, sich oft recht ähnlich sehenden Vogelarten innerhalb einer Gruppe. Farben können allerdings durchaus auch wichtige Gruppenmerkmale abgeben. So sind z. B. Möwen im Alterskleid

Bestimmungshilfen

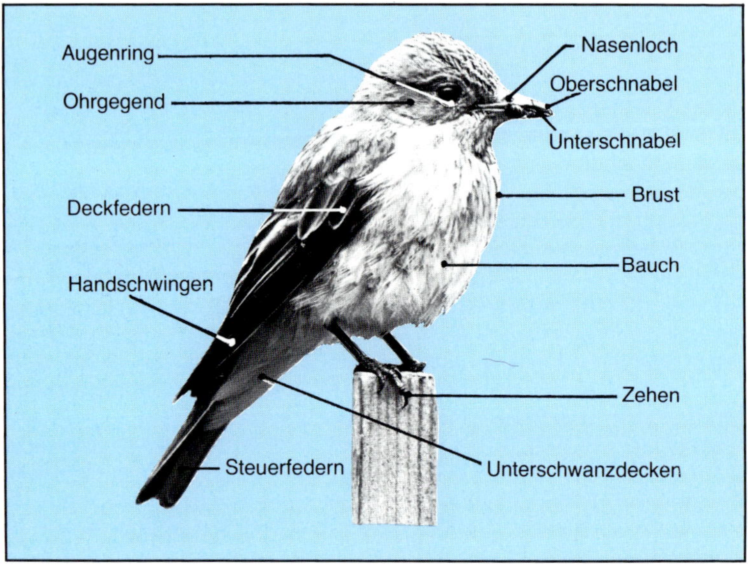

Fachausdrücke zur Topographie des Vogels am Beispiel des Grauschnäppers (links) und des Blaukehlchens (rechts). Beide Singvögel sind etwa gleich groß, doch zeigen sie sehr unter-

überwiegend weiß mit grauen und schwarzen Abzeichen und Mustern. Allen unseren Schwalben fehlen z. B. reines Rot und Grün. Dagegen sind viele kleine Singvögel bräunlich oder grünlich, so daß eine grobe Farbangabe nicht viel weiter hilft.

Größe

Wie groß ein Vogel wirklich ist, läßt sich gar nicht so leicht feststellen. Da ist einmal die Tatsache, daß ein und derselbe Vogel ganz unterschiedliche Größeneindrücke vermittelt, je nachdem ob er das Gefieder eng anlegt oder aufplustert, den Kopf einzieht oder streckt, sitzt oder fliegt. Der eigentliche Vogelkörper ist ja kleiner als die durch das Federkleid bestimmten Körperumrisse andeuten; auch lange Flügel oder Schwanzfedern können z. B. einen viel größeren Vogel vortäuschen. Dazu kommt, daß bei fehlendem Vergleich die Größe oft falsch eingeschätzt wird, zumal bei fliegenden Vögeln gegen den freien Himmel. Hier fehlen im engen Ausschnitt des Feldstechers oft auch Möglichkei-

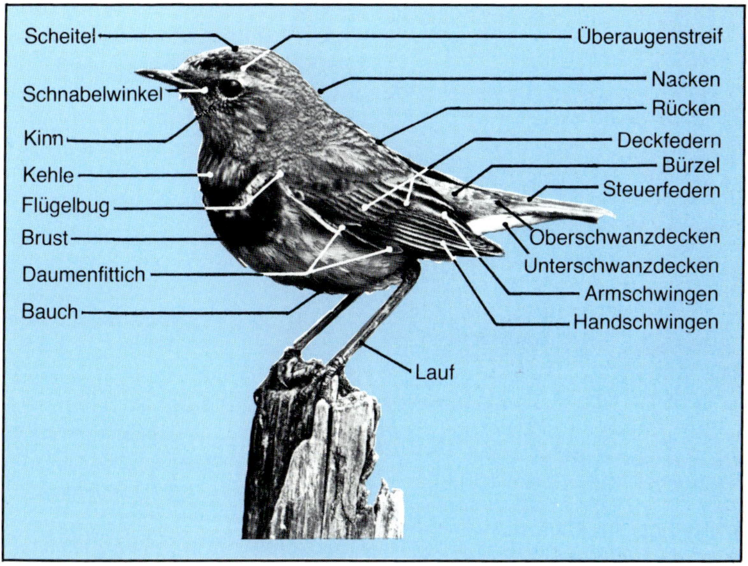

schiedliche Körperform und Sitzhaltung, die mitunter schon auf weite Entfernung eine Unterscheidung zulassen, auch wenn man keine Farbe sieht.

ten, die Entfernung richtig abzuschätzen, so daß in der klaren Bergluft ein weit entfernt fliegender Adler wie ein Bussard wirkt, oder ein bei Regenwetter niedrig über uns hinwegschießender Mauersegler einen größeren Vogel vortäuscht. Auch wirken die gleichen Vögel in unterschiedlicher Umgebung oft verschieden groß. Diese subjektiven Täuschungsmöglichkeiten lassen manchmal nicht zu, eindeutige Größenbestimmungen vorzunehmen. Erfahrene Vogelbeobachter kombinieren daher oft Größe mit dem Tempo der Bewegungen. So fliegen z. B. große Arten einer Gruppe in der Regel mit langsamerem Flügelschlag als kleinere. Solche Unterschiede können beispielsweise in der Bestimmung von verschieden großen Reihern, Enten, Möwen oder Krähenvögeln von Nutzen sein.
In den Bestimmungsbüchern ist als Größe die Gesamtlänge des Vogels von der Schnabel- bis zur Schwanzspitze angegeben. Solche Zahlen sind absolut gesehen natürlich wenig sinnvoll, denn niemand kann bei den eben genannten Schwierig-

Bestimmungshilfen

Die Vogelgestalt kann sich durch unterschiedliche Federstellung verändern. Oben: Ein Rotkehlchen mit Futter hat etwas Verdächtiges bemerkt und wirkt durch Anlegen des Bauch- und Rückengefieders schlank. Unten: Aufgeplustert wirkt es viel gedrungener. Das Abspreizen der Bauch- und Rückenfedern bewirkt eine bessere Isolation, so daß viele Singvögel bei Kälte plumper wirken.

keiten vom Freilandbeobachter erwarten, Längenmaße in Zentimetern zu schätzen. Anhaltspunkte aber geben Vergleiche mit bekannten Arten, so daß wir anhand uns bereits vertrauter Vögel die Größe des unbekannten einordnen können. Dabei ist die Größenbestimmung vor allem als Vergleichsmaß wichtig, etwa »größer als Amsel«, »kleiner als Haustaube«, »gänsegroß, aber längere Beine« usw. Durch solche Vergleiche werden die Möglichkeiten oft schon stark eingeengt. Manche Autoren von Vogelbüchern ziehen es vor, statt der unanschaulichen Längenmaße Durchschnittsgewichte anzugeben. Auch mit ihnen können wir Vergleiche anstellen. Die Betonung von Vergleichen ist in der Vogelbestimmung sehr wichtig. Niemand kann auf Anhieb alle Vögel, die ihm auf einem Spaziergang begegnen, sicher bestimmen. Wir müssen uns vielmehr auf der Grundlage des schon Bekannten in Neuland vortasten. Sorgfältige Vergleiche sind auch eine Voraussetzung für die sichere Unterscheidung oft sehr ähnlicher und/oder nahe verwandter Arten.

Gestalt

Die Körperproportionen sind sehr wichtige Bestimmungshilfen; bei ungünstigen Lichtverhältnissen, in denen wir die Farbe nicht erkennen

Silhouetten einiger bekannter Singvögel.

können, oft die einzigen. Allerdings sind auch hier Unterschiede je nach Gefiederstellung und Haltung zu erwarten. Im allgemeinen lassen sich aber, vor allem in Verbindung mit typischen Bewegungen, charakteristische Merkmale der Gestalt recht gut erkennen und für die Bestimmung verwerten. Ist ein Vogel plump oder schlank, hat er einen langen

Silhouetten der bekanntesten Schwimmvogeltypen

Flugbilder häufiger Greifvögel

oder kurzen Hals, ist er hoch- oder kurzbeinig, ist ein langer Schwanz zu erkennen usw.? Viele Vögel nehmen beim Schwimmen, Laufen oder Sitzen charakteristische Haltungen ein, an denen wir sie auch auf große Entfernung oder bei Gegenlicht sicher erkennen können. Vor allem bei größeren Vögeln ist auch das Flugbild ein sicheres Kennzeichen. Schmale, breite, lange, kurze Flügel? Kurzer, abgerundeter oder gegabelter Schwanz? Viele der Grafiken oder Fotos in diesem Buche versuchen, einige nähere und anschauliche Hinweise zu geben. Sind unsere Augen für das Vogelbeobachten schon besser geschult, werden wir unter günstigen Umständen auch viele weitere Einzelheiten der Gestalt wahrnehmen, z. B. Schnabelform, relative Länge der Flügel und auch ein Gefühl für Proportionen bekommen (»der Vogel ist für eine Grasmücke zu plump«, »für einen Finken zu schlank« usw.). Damit sind wir bereits in die Feinarbeit der Artbestimmung eingetreten.

Bewegungsweise

Normalerweise sind Vögel dauernd in Bewegung. Dies erschwert und erleichtert zugleich die Vogelbestimmung. Vögel, die unruhig in den Zweigen herumhüpfen und vor uns auffliegen, geraten zwar, wenn wir nicht aufpassen, mitunter rasch aus unserem Blickfeld, verraten sich aber durch ihre Bewegungen oft viel eindeutiger, als wenn sie ruhig sitzen blieben. Abgesehen davon sind Artkennzeichen oft erst beim Auffliegen eindeutig zu erkennen. Schon einfache Fortbewegungsweisen geben uns wichtige Anhaltspunkte: Lerchen, Stelzen und Pieper laufen rasch und hüpfen nicht mit beiden Beinen gleichzeitig, wie dies Sperlinge und Finken tun, wenn sie auf den Boden herunterkommen. Auch Star und Amsel kann man schon an der Art der Fortbewegung unterscheiden, denn Amseln hüpfen, Stare schreiten. Grasmükken und Laubsänger hängen nicht kopfunter an kleinen Zweigen wie z. B. häufig Meisen oder Zeisige. Die Techniken des Stammkletterns von Baumläufer und Kleiber sind ganz verschieden. Fortbewegungsweise und Nahrungssuche ergeben eine Fülle von Bestimmungsmöglichkeiten, die hier nicht einmal in großen Zügen angedeutet werden können. Ja selbst die ruhige Sitzhaltung eines Vogels ist oft gruppen- bzw. arttypisch. Bewegung und Verhalten, mit Ausnahme typischer Körperhaltungen, lassen sich auf Bildern sehr unvollkommen darstellen. Daher ist es wichtig, daß ein gutes Bestimmungsbuch im Text darauf eingeht. Einige Beispiele mögen die Vielfalt typischer Verhaltens- und Bewegungsweisen näher erläutern.

Bestimmungshilfen

Ein **schwimmender Vogel** kann z. B. ein Taucher, eine Gans, eine Ente, ein Kormoran, ein Schwan, ein Bläßhuhn, ein Teichhuhn oder eine Möwe sein. Einige der genannten Vogeltypen sind an Größe und Färbung sofort zu erkennen. Bei mittelgroßen dunklen Schwimmvögeln ist es dagegen schon schwieriger. Hoch im Wasser liegen Möwen, Bläßhühner und Gründelenten; Tauchenten, Säger und Kormoran und Taucher ragen mit ihrem Körper in der Regel nicht so weit heraus, ihr Schwanz liegt häufig auf der Wasseroberfläche. Alle diese letztgenannten Vögel können tauchen und tun dies bei bestimmten Gelegenheiten auch sehr häufig. Aber auch das Bläßhuhn mit davon abweichender Gestalt taucht, jedoch mit einem recht charakteristischen kleinen Kopfsprung. Unser kleinster einheimischer Taucher, der vor allem im Winter häufig auf Stadtgewässern zu beobachtende, nur etwa männerfaustgroße Zwergtaucher liegt oft recht hoch im Wasser und wirkt daher nicht wie ein typischer Taucher. Er kann aber lange unter Wasser bleiben; bei Gefahr drückt er seinen Körper tief ins Wasser, so daß oft nur Kopf und Hals herausschauen. Tauchenten, wie Tafel- oder Reiherente, fliegen meist viel schwerfälliger vom Wasser auf als typische Gründelenten, wie z. B. Stock- oder Krickenten. Sie benötigen, wie auch die Säger, in der Regel einen Anlauf, wenn sie vom Wasser hochkommen wollen. Aber auch das Bläßhuhn stiebt bei Gefahr zunächst wassertretend davon. Bläß- und Teichhühner nicken beim Schwimmen intensiv mit dem Kopf, ein für diese Arten sehr typisches Kennzeichen.

Noch vielseitiger sind die **Bewegungsformen** der Vögel **in** ihrem eigentlichen Element, **der Luft.** Manche Arten sieht der Beobachter fast ausschließlich oder doch in der überwiegenden Mehrzahl der Fälle im Flug, wie Seeschwalben, manche Greifvögel, Schwalben und Segler. Zur Bestimmung fliegender Vögel kommt es aber nicht nur auf das Flugbild an, also die ruhige Gestalt des fliegenden Vogels, sondern vor allem auch auf Bewegungsformen. Wir erwähnten bereits, daß kleine Arten häufig rascher mit den Flügeln schlagen. Großvögel mit breiten Flügeln neigen dazu, bei günstigen aerodynamischen Verhältnissen zu segeln oder zu gleiten, Bussarde, Störche, Kolkraben oder Großmöwen etwa. Den Flug auf der Stelle mit raschen Flügelschlägen und schräger Körperachse nennt man Rütteln. Es ist typisch für den Turmfalken auf seinen Jagdflügen. Aber auch manche insektenverzehrende Singvögel rütteln für kurze Zeit vor Ästen und Zweigen. Sehr charakteristisch sind auch Flügelbewegung

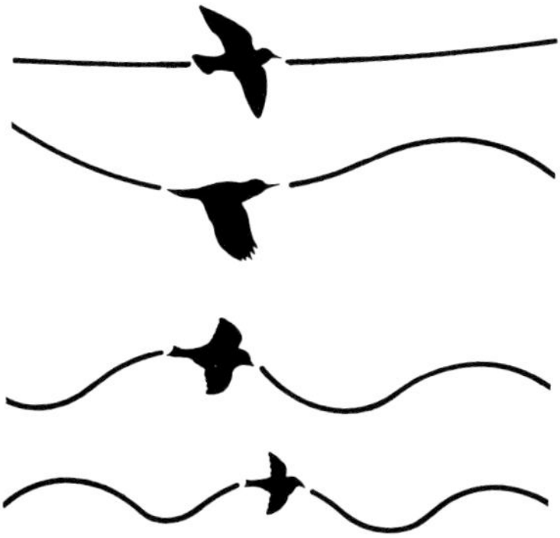
Flugbahn von Star, Specht, Fink und Meise. Viele Kleinvögel fliegen in Wellen; Star (und auch Drosseln) bewegen sich auf gerader Flugbahn. Besonders weit sind die Wellen der Spechte.

und vor allem Flugbahnen beim normalen Streckenflug. Viele Kleinvögel, so vor allem Stelzen, aber ganz auffällig auch die Spechte, zeigen eine ausgeprägt wellenförmige Flugbahn. Sie kommt dadurch zustande, daß der Vogel für kurze Zeit die Flügel anlegt, um den Vortrieb auszunutzen. Dabei verliert er an Höhe, die er durch ein paar rasche Schläge nach der Gleitstrecke wieder gewinnt. So entsteht oft ein regelrecht hüpfender Flug. Flügelschlagmuster sind für einzelne Arten so charakteristisch, daß sie sogar auf dem Schirm des Zielfolgeradars zur Vogelbestimmung verwendet werden können. Hühnervögel schlagen rasch mit ihren kurzen Flügeln und pflegen dazwischen Gleitstrecken einzuschalten. Der Kiebitz bewegt seine relativ großen Flügel merkwürdig schaufelnd, der Flußuferläufer fliegt mit zuckenden und nach unten gebogenen Flügeln dicht über das Wasser vor uns weg, Feldlerchen steigen im Singflug senkrecht in die Luft, Stare eilen mit schnellen Flügelschlägen auf gerader Bahn dahin, Fliegenschnäpper und Würger starten von einer Sitzwarte aus zu einem kleinen Flug steil in die Luft, um Insekten zu fangen, und kehren gleich wieder in die Nähe des Ausgangspunktes zurück. Zahlreiche Flugbewegungen sind so charakteristisch für einzelne Vogelarten und -gruppen, daß sie wichtige Bestimmungshilfen darstellen und vor allem schon auf größere Entfernungen, aus denen Einzelheiten der Färbung der Gefiederzeichnung noch gar nicht zu erkennen sind, eine erste Diagnose gestatten.

Ruhestellung. Aber auch dann, wenn ein Vogel ruhig sitzt, liefert er uns oft so viele Hinweise, daß wir ihn zumindest der Gruppe nach einordnen können. In bemerkenswert aufrechter Körperhaltung sitzen z. B. Falken, Grauschnäpper oder Rotschwänze. Die letzteren verraten sich durch sehr charakteristisches Schwanzzittern. Eine unverwechselbare Haltung nehmen die Rohrsänger an Schilfhalmen ein. Ein am senkrechten Stamm kletternder Vogel kann nur ein Specht, Baumläufer oder Kleiber sein.

Verhaltensweisen bei der Nahrungsaufnahme. Sie sind bei vielen Vogelarten sehr typisch. Es gibt Sondierer und Bohrer im weichen Boden, Luftjäger, Ableser, verschiedene Techniken an Samen heranzukommen oder Fische zu fangen usw. Auch im Verhalten zueinander unterscheiden sich die Arten sehr. Das Sozialverhalten, dem wir uns noch an anderer Stelle widmen, kann im Jahresverlauf bei ein und derselben Art sehr stark wechseln. Mit diesen Bemerkungen sind wir bereits über das Ziel, nämlich die Vogelbestimmung, etwas hinausgeschossen. Aber die Vogelbeobachtung erschöpft sich ja nicht nur in der Bestimmung der Art, sondern soll darüber hinaus zum Kennenlernen und Entdecken der Vögel als Glieder der belebten Natur und damit zum Verständnis unserer natürlichen Umwelt führen. Besonders reizvoll ist das vergleichende Beobachten des Verhaltens einzelner Arten bei gleichen oder ähnlichen Bedingungen nebeneinander. Eine gute Möglichkeit hierzu bietet im Winter die Futterstelle am Fenster, im Park oder am Parkweiher. Aus großer Nähe lassen sich dabei viele Feinheiten des arttypischen Verhaltens feststellen.

Vielleicht sind Sie bereits durch die vielen stichwortartigen Hinweise auf

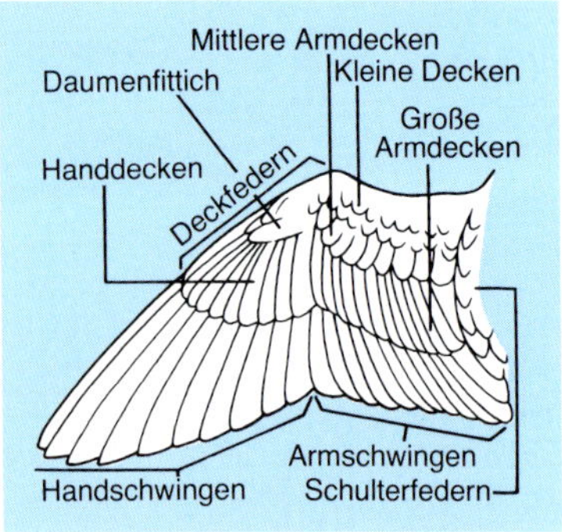

Die Federn eines Vogelflügels von oben.

das Verhalten der Vögel etwas verunsichert. Man muß aber nicht alles im Kopf haben. Allmählich prägt sich vieles wie von selbst ein.

Farbe und Gefiederzeichnung

Erst jetzt kommen wir zu dem, was den Feldführern mit guten Abbildungen zuerst entnommen wird, nämlich die Kennzeichnung der Arten durch Farbe und Gefiederzeichnung. Einzelheiten hierzu lassen sich aus den Bildern ersehen, so daß wir im Detail nicht darauf einzugehen brauchen. Doch ein paar allgemeine Hinweise sollten uns vor unnötigen Fehlbestimmungen und Irrwegen, gegen die zumindest am Anfang niemand gefeit ist, bewahren. Nur wenige einheimische Vogelarten sind sofort an der Färbung unverwechselbar zu erkennen, wie etwa das Männchen des Pirols oder

der Eisvogel. Bei manchen Vogelgruppen, wie Rohrsänger, Grasmücken, Laubsänger, Pieper, helfen uns Farben kaum weiter. Fast oder ganz unmöglich ist die Bestimmung sogenannter Zwillingsarten nach Farbe und Gefiederzeichnung, wie z. B. Zilpzalp/Fitis, Wald-/Gartenbaumläufer, Sumpf-/Weidenmeise. In diesen Fällen ist meist die Stimme ein wichtiges Merkmal (s. folgendes Kapitel). Wichtiger als die allgemeine Färbung des Vogels sind oft Größe und Ausdehnung mancher auffälliger Merkmale der Gefiederzeichnung, wie weißer Bürzel, Überaugenstreif, helle Flügelbinden, dunkle Schwanzbänderung, Brustfleckung usw. Manche Arten lassen sich an winzigen Merkmalen sicher unterscheiden. Man sollte sich aber,

Ringeltauben. Schräg von unten ist ohne Größenvergleich die Bestimmung »Taube« möglich (oben). Schräg von oben können wir beim Abschlag das weiße Flügelband sehen, ein untrügliches Kennzeichen der Ringeltaube (unten).

Nur wenige unserer heimischen Vögel sind so farbenprächtig wie der Eisvogel.

Bestimmungshilfen

und das gilt für das Vogelbeobachten ganz allgemein, nie auf ein Merkmal isoliert von allen anderen verlassen. Viele Arten tragen auffallende Farbmerkmale nur zu bestimmten Jahreszeiten oder nur in einem Geschlecht. Meist sind die Männchen farbenprächtiger und leichter zu bestimmen als die Weibchen. Die Unterschiede zwischen den Geschlechtern können so groß

Seite 28
Lachmöwen tragen im Sommer eine dunkle Gesichtsmaske, die im Winter auf ein paar Andeutungen reduziert ist (oben links und rechts).

Männchen und Weibchen sind oft verschieden gefärbt. Tafelente: links Erpel, rechts Weibchen.

Auch bei bunten Vögeln muß man oft genau hinsehen. Links Reihererpel, bei dessen Beobachtung plötzlich ein ähnlich gefärbter Erpel (rechts) auftauchte. Hier handelte es sich um die amerikanische Ringschnabelente, die zum Zeitpunkt dieser Aufnahme erst wenige Male in Mitteleuropa nachgewiesen war. Kleine ornithologische Sensation am winterlichen Entenfutterplatz.

Seite 29
Oben: Junge Bachstelze sitzt im Gegenlicht, Farben sind nicht gut zu erkennen. Wichtiges Kennzeichen ist der relativ lange Schwanz. Mitte: Im Herbst fehlt der schwarze Brustlatz der für alte Bachstelzen im Frühjahr typisch ist (siehe Foto S. 114). Unten: Auch wenn Farben kaum zu erkennen sind, ist die Diagnose Gebirgsstelze wegen des langen Schwanzes möglich. Vergleiche und Proportionen helfen bei ungünstigem Licht in der Bestimmung weiter. Bestimmungsbücher zeigen oft nur Frühjahrskleider!

Dreimal Star: Vogelbestimmung aus ganz verschiedenen Entfernungen.

Links oben: Star im zartgefleckten Sommerkleid an der Nisthöhle.

Rechts oben: Aufgebaumte Stare im Gegenlicht. Typisch sind die aufrechte Sitzhaltung und die im Sitzen etwas abgespreizten Flügel (besonders am linken unteren Bildrand zu sehen).

Unten: Riesiger Starenschwarm im Herbst. Kaum ein anderer Vogel bildet vor allem in der Abenddämmerung so große Schwärme wie der Star. Typische Flugsilhouette (kurzer Schwanz, dreieckige Flügel mit relativ breitem Ansatz) ist auch aus der Entfernung deutlich zu sehen.

sein, daß man ohne weiteres glauben könnte, verschiedene Arten vor sich zu haben.
Schließlich zeigt die Praxis bei der Verwendung von Farbmerkmalen, daß viele im Buch abgebildete Farben im Freien ganz anders wirken oder je nach Beleuchtung und Lichteinfall verschieden aussehen. Blau und rot können im Gegenlicht z. B. wie schwarz wirken. Man muß erst lernen, unter den verschiedensten Freilandbedingungen die »richtigen« Farbe zu sehen.
Neben den hier kurz diskutierten optischen Merkmalen sind die akustischen von größter Bedeutung. Natürlich können auch Lebensraum oder Verhalten bzw. Vorkommen in den verschiedenen Jahreszeiten wichtige Hinweise geben.

Grundregeln

■ Auch das beste Bestimmungsbuch kann nicht alle Fragen beantworten, da viele Eindrücke entscheidend von den jeweiligen Beobachtungsumständen beeinflußt werden. Außerdem schreibt niemand den Vögeln vor, sich exakt an das zu halten, was in den Büchern steht.

■ Viele verschiedene Hinweise und Merkmale gilt es gemeinsam zu werten; Bestimmungen sollten sich nicht auf ein einziges Merkmal allein stützen, denn Vögel sind Individuen, also ein unteilbares Ganzes.

■ Sicherheit im Ansprechen der Vögel gewinnt man nur mit Geduld und Erfahrung. Man rechnet übrigens etwa drei Jahre aufmerksame Beobachtungstätigkeit in möglichst unterschiedlichen Lebensräumen als Voraussetzung für einen sattelfesten Vogelkenner. Doch auch dann darf wohl niemand seiner Sache auf den ersten Blick allzu sicher sein. Oft kommt es auf den zweiten Blick an, also auf sorgfältiges Beobachten und Lauschen. Vor Enttäuschungen ist auch der Experte nie gefeit.

■ Bei Verdacht auf außergewöhnliche Vogelarten ist sorgfältiges Literaturstudium, Anfertigung einer Beschreibung oder Skizze und die Benachrichtigung von Kennern immer angebracht.

■ Kommt man bei der Beobachtung vor Ort zu keinem Ergebnis oder besteht der Verdacht auf eine außergewöhnliche Vogelart, muß man sich bemühen, die beobachteten Details möglichst rasch zu dokumentieren. Notizen und eine Skizze, sei sie noch so unbeholfen, können wichtige Hilfen sein, ebenso Belegfotos, auch wenn sie technisch nicht einwandfrei sind. Die rasche Benachrichtigung von Zeugen ist bei mutmaßlichen Seltenheiten dringend zu empfehlen. Kontakt zu Vogelkundigen hilft weiter.

Vogelstimmen

Ein schwieriges Kapitel

Man muß nicht unbedingt musikalisch sein, um Rufe und Gesänge der Vögel unterscheiden zu können. Ein scharfes Gehör ist allerdings Voraussetzung, langes Training und etwas Geduld müssen dazukommen. Ausgelernt hat man nie, denn als Vokalisten sind auch alltägliche Vögel immer wieder für Überraschungen gut. Imitationen anderer Vogelarten, in der Fachsprache als »Spotten« bezeichnet, oder abweichende Gesänge und Rufe kommen oft vor. So ist es also nicht nur wichtig, Tonfolge oder Rhythmus eines Vogelgesanges zu erfassen, sondern auch Tonhöhe, Lautstärke und vor allem die Klangfarbe, die für die einzelnen Vogelstimmen oft außerordentlich charakteristisch ist. Erst die Verarbeitung aller dieser Merkmale kann uns helfen, unterscheiden zu lernen, ob ein hohes »pink« von einem Buchfink oder einer Kohlmeise stammt, oder ein nach oben gezogenes feines »huid« von einem Gartenrotschwanz oder einem Zilpzalp. Doch das sind bereits Feinheiten für Experten; für den Anfang in der Vogelstimmenkunde sollten wir uns viel einfachere Ziele setzen. Manche Rufe und Gesänge hören wir fast täglich, so daß sie richtiggehend in unser Ohr eingehen, wenn wir uns nur etwas Zeit nehmen, zu lauschen.

Wie lernt man Lautäußerungen der Vögel kennen?

Verschiedene Hilfsmittel zum Kennenlernen der Vogelstimmen werden heute angeboten, z. B. Schallplatte, Tonkassette und natürlich auch Versuche, Rufe und Gesänge so darzustellen, daß man aus einem gedruckten Text die nötigen Informationen entnehmen kann.

Unmittelbare Beobachtung

Keine dieser Lernhilfen kann für den Anfänger die unmittelbare Beobachtung draußen ersetzen. Wir prägen uns die Lautäußerungen am besten ein, wenn wir den Rufer oder Sänger gleichzeitig auch beobachten. Dazu braucht man Zeit und Geduld. Daher ist es nicht günstig, mit dem Lernen zu beginnen, wenn uns ein vielstimmiger Vogelchor umgibt. Niemand kann aus einem großen Orchester die verschiedenen Instrumente heraushören, wenn er sich nicht vorher deren Klang im einzelnen eingeprägt hat. So wählen wir uns also für den Beginn entweder einen Spätwinter- oder Vorfrühlingstag, wenn erst wenige Arten mit dem Gesang beginnen, oder einen Ort, an dem von vornherein nur wenige Vogelarten zu hören sind. Ein Vorfrühlingstag im Park, später im Jahr eine aufgelockert bebaute Gartenstadt oder eine offene Feldlandschaft mit jeweils wenigen charakte-

ristischen Arten sind da gerade recht. Wenn sich einzelne Arten recht häufig melden, wie z. B. Amsel, Kohlmeise oder Buchfink in den Gärten, Feldlerchen oder Goldammern in der Feldlandschaft, ist das Lernen leichter. Wiederholung ist für den Einstieg ganz besonders wichtig. Nur durch oftmaliges Hinhören lernen wir auch komplizierte Vogelstrophen, wie z. B. den Gesang des Buchfinken, der Singdrossel oder des Baumpiepers, so gut kennen, daß wir sie auch unter den verschiedensten Bedingungen sicher heraushören. Schon ein Spaziergang im Park oder Friedhof im Mai bietet uns ein solch vielfältiges Vogelkonzert, daß wir als Anfänger Schwierigkeiten haben werden, uns auch nur einigermaßen zurechtzufinden. Wem die Möglichkeit geboten wird, sich gelegentlich einem Vogelkenner anzuschließen oder eine Vogelstimmenführung mitzumachen, sollte dies unbedingt tun, denn schon ein paar Tips eines Kenners helfen uns ein ganz gewaltiges Stück weiter.
Im Sommer hört der Vogelgesang allmählich auf. Im Herbst singen manche Arten wieder etwas, doch klingt der Gesang dann oft anders als im Frühjahr. Zudem verlassen uns die Zugvögel. So müssen wir manche mühsam erlernten akustischen Eindrücke mehr als ein halbes Jahr im Gedächtnis behalten. Das nächste Frühjahr zeigt uns erst, wie viel wir vergessen haben. Doch erinnern wir uns schnell wieder an alte Bekannte, so daß wir dann schon auf einem akustischen Kenntnisvorrat aufbauen und unbekannten Lauten widmen können.

Schallplatten, Tonkassetten
Wir haben die Notwendigkeit der Praxis draußen im Freien mit Absicht so stark betont. Denn im Gegensatz zu früheren Generationen von Vogelbeobachtern stehen uns ja heute mit Tonträgern Lernhilfen zur Verfügung. Man darf sich aber nicht täuschen lassen. Gerade für den allerersten Einstieg ist die Schallplatte oder Tonkassette nicht geeignet, und zwar aus einer Reihe von Gründen. Einmal ist die Wiedergabe der Klangfarbe oft ganz anders als in der Natur. Wir müssen uns anhand bereits erlernter und bekannter Gesänge erst in die Platte oder das Tonband einhören. Auch spielen bei der Beurteilung der Stimmen im Freiland Nebengeräusche, der Eindruck des Lebensraumes usw. eine wichtige Rolle, die beim Abspielen der Aufnahmen im Zimmer wegfallen. Für den Vogelbeobachter ist auch wichtig, wie und wo der Vogel singt, z. B. im Flug, auf der Spitze eines Baumes, auf dem Dach eines Hauses, ob er dabei mit den Flügeln schlägt, sich ganz ruhig verhält usw. Es kommt

also auch hier, wie beim optischen Bestimmen, viel auf den Gesamteindruck an. Schließlich sind die Gesänge und Lautäußerungen vieler Vogelarten nicht immer genau gleich, so daß möglicherweise die uns zur Verfügung stehenden Aufnahmen nicht exakt das wiedergeben, was wir draußen zu hören bekommen. Noch weniger als Bestimmungsbücher für optische Merkmale sind die im Handel angebotenen Platten oder Bänder vollständig. Auch groß angelegte Tonarchive können das nicht sein.

Sinnvoll eingesetzt dienen Schallplatte und Kassette dazu, die draußen gewonnenen Eindrücke weiter zu vertiefen. Wer sich schon ein kleines Stimmenrepertoire erarbeitet hat, wird mit Hilfe der abgespielten Aufnahmen rasch weiterkommen und auch neue Gesänge anhand bereits gehörter Aufnahmen draußen identifizieren können. Hier läßt sich dann auch gleich ein Schritt weitergehen, indem man Aufnahmen ins Freiland mitnimmt und die gehörten Rufe an Ort und Stelle mit den Aufnahmen vergleicht, die Tonkassette gewissermaßen als akustischen Feldführer einsetzt. Natürlich können wir versuchen, auch selbst Tonaufnahmen herzustellen, um sie später zu bestimmen. Hochwertige Vogelstimmenaufnahmen erfordern aber eine sehr teure und komplizierte Ausrüstung, vor allem, wenn wir aus größerer Entfernung frei von Nebengeräuschen Vogelstimmen einwandfrei aufnehmen wollen. Mit einfachen Rekordern lassen sich aber immerhin für Lernzwecke Aufnahmen herstellen, die unsere akustische Wahrnehmungsfähigkeit schulen helfen.

Sonagramm des Kohlmeisengesangs, mit Worten wie etwa »Zii-bä ...« zu umschreiben. Wie bei der Notenschrift sind hier hohe Töne oben, tiefe unten abgebildet. Die Länge der Töne ist an der horizontalen Ausdehnung zu erkennen. s = Sekunde.

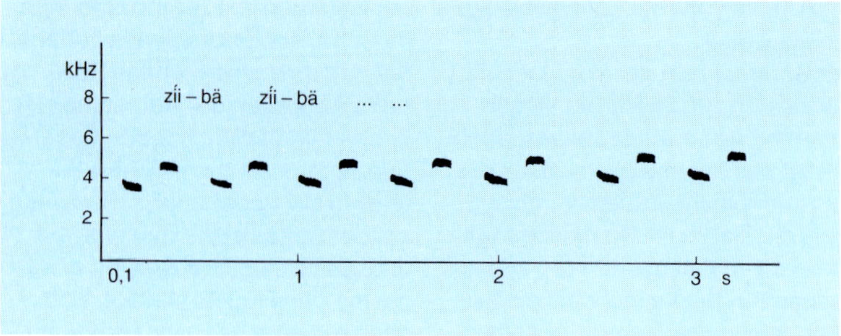

Sprachliche Nachahmung von Rufen und Gesängen

Unser kleiner Abstecher in die Technik soll nun nicht den Eindruck erwecken, als ob das Kennenlernen von Vogelstimmen von Aufnahmegeräten abhängig sei. Es gibt auch weitere Hilfsmittel, die uns das Einprägen gehörter Gesänge und Rufe erleichtern. Sie sind allerdings mehr oder minder unvollkommen und können in Einzelfällen auch versagen. Akustische Eindrücke lassen sich z. B. sprachlich umschreiben. Manche Vogelnamen sind durch sprachliche Nachahmung von Rufen und Gesängen entstanden, z. B. Uhu, Kuckuck, Krickente, Zilpzalp, Fink. Der Ruf des Mäusebussards, den auch der Eichelhäher täuschend ähnlich im Repertoire hat, wird häufig mit »hijäh« umschrieben, der Gesang der Kohlmeise meist mit »zizibä«, der Alarmruf der Amsel mit »tix« usw. Aber nicht jeder hört die gleichen Laute heraus. So sind z. B. in gängigen Feldführern der Alarmruf der Amsel mal als »tschink«, mal als »tix« oder »dix« angegeben, der Gesang der Kohlmeise mit »zizidä«, »zizibä« oder »zizibäh«, der Gesang des Zilpzalps mit »zilp zalp« oder »fzifzü« oder »dilm-delm«. Schon bei diesen sehr einfachen Fällen gibt es also verschiedene Versionen der Umschreibung. Bei komplizierten Lautäußerungen wird das Problem natürlich noch größer. Doch bilden Silbenumschreibungen oder auch ganze Satzteile, die dem Gesang unterlegt werden, oft wertvolle Eselsbrücken, die unserem Gedächtnis helfen. Vielfach sind solche unbeholfenen Lautwiedergaben aber auch wichtige Hinweise in Richtung auf eine bestimmte Vogel-

Ein weiteres Beispiel für einen einfachen Gesang: der Zilpzalp. Die Strophen bestehen aus einzelnen, sehr ähnlich klingenden Elementen wie »Zelp« (A) »Zilp« (B) und »Zalp« (C).

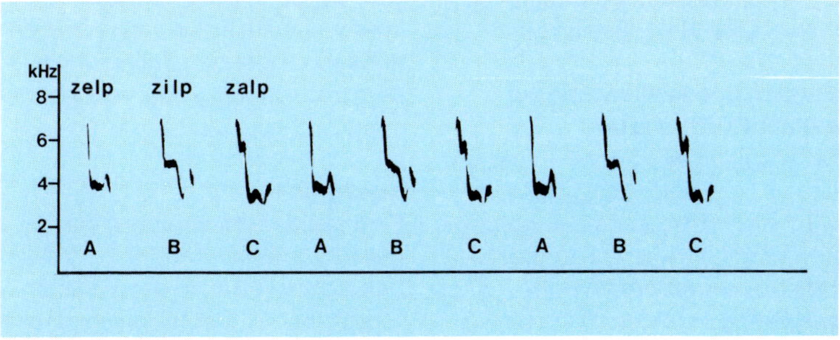

art, die uns bisher entweder entgangen oder uns mit ihrer Stimme genarrt hat. Die Sprache hat aber noch weitere Möglichkeiten, Vogellaute zu beschreiben, z. B. mit ausgesprochen lautmalerischen Ausdrükken oder Anlehnungen an uns bekannte Tonerzeuger, wie z. B. Musikinstrumente oder die menschliche Stimme: Spechte trommeln, der Zaunkönig schnurrt, der Brachvogel flötet, der Buchfink schlägt, die Elster schäkert, der Gesang der Wasseramsel ist schwätzend, der Kranich trompetet, die Nachtigall schluchzt, das Rotkehlchen schnikkert, der Hausrotschwanz stammelt usw. Einzelne Gesangsteile oder Rufe lassen sich knapp charakterisieren als Triller, Roller, Schnörkel, Pfiffe, krächzend, schleifend, kreischend, piepsend, schmetternd usw. Unsere Sprache hat viele Möglichkeiten, das auszudrücken, was wir beim Hören eines Vogellautes empfinden. Freilich sind Empfindungen subjektiv und daher als allgemein gültige Beschreibungen nicht immer ganz zuverlässig.

Vergleichende Hinweise auf bekannte Vogelarten
Die Möglichkeiten der Be- und Umschreibung sind aber gleichwohl wertvolle Hilfen, vor allem wenn wir uns schon ein kleines Stimmenrepertoire erarbeitet haben und vergleichen können. Dann helfen uns vergleichende Hinweise auf bekannte Vogelarten oft rasch weiter. So könnte man z. B. den Gesang der Misteldrossel folgendermaßen beschreiben: Amselartig flötend, Motive jedoch einfacher und kürzer als bei Amsel, meist mit Pausen vorgetragen. Oder: Der Gesang des Fitis erinnert im Aufbau etwa an jenen des Buchfinken, ist aber viel weicher und flötender. Solche vergleichenden Beschreibungen sind auch wichtig, wenn wir uns kurze Notizen machen wollen, die dann zu Hause als Bestimmungshilfen dienen.

Gesangsbeschreibung mit Worten
Mit Worten kann man auch mehr oder minder exakt einen Vogelgesang beschreiben. Der Gesang der Singdrossel z. B. läßt sich unabhängig seiner großen Vielfalt kurz folgendermaßen charakterisieren: Kurze Motive, die in der Regel zwei- bis dreimal wiederholt werden, meist laut vorgetragen; Wechsel von einem Motiv zum anderen oft ganz abrupt. Für den Buchfinken könnte gelten: Folge von in der Tonhöhe absteigenden Trillern mit einem Endschnörkel, der wieder ansteigt.

Sonagramm
Eine exakte Beschreibung der Vogellaute liefert uns das Sonagramm, das sich vor allem in der Stimmenforschung als unentbehrliches Hilfs-

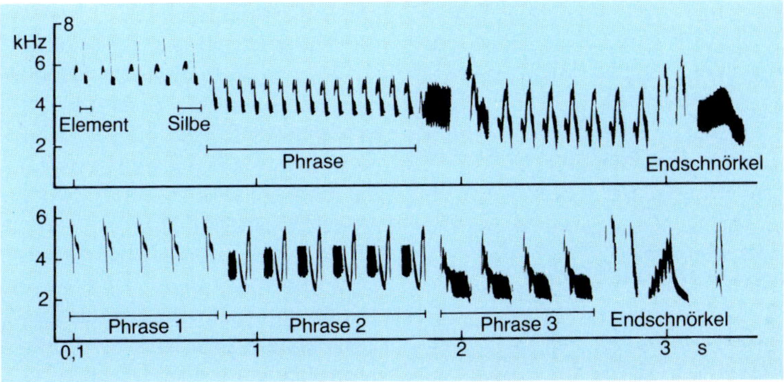

Der komplizierte Gesang des Buchfinken; abgebildet sind zwei Strophentypen. Der Gesang setzt sich aus Elementen, Phrasen und Strophen zusammen.

mittel erwiesen hat. Sonagramme zu lesen mutet auf den ersten Blick wie eine Geheimwissenschaft an; doch helfen die vielen Schnörkel und Krakel auch bei der Bestimmung oft weiter. Im Sonagramm erscheinen hohe Töne (ähnlich wie bei den Noten) oben, tiefe näher an der Grundlinie. Die Länge der einzelnen Laute können wir unmittelbar an der Zeitskala ablesen, die Lautstärke durch den unterschiedlichen Schwärzungsgrad. Sonagramme sind die Partituren der Vogelgesänge. Man braucht sie nicht unbedingt lesen zu können, um Vogelstimmen zu erkennen und seine Freude daran zu haben. Wer sie aber lesen kann, dem enthüllen sie viele Feinheiten, die unserer Wahrnehmung leicht entgehen. Sonagramme helfen, unser Ohr zu schärfen.

Schallquellen der Vogellaute

Vokallaute

Vogellaute entstehen großenteils im Kehlkopf, allerdings nicht, wie z. B. beim Menschen, im oberen Teil des Halsbereiches. Der Vogelkehlkopf liegt tiefer im Inneren des Körpers, dort, wo sich die Luftröhre in die beiden zu den Lungenflügeln abzweigenden Äste, die Bronchien, aufgabelt. Bei der Lauterzeugung spielen die im unteren Kehlkopf gespannten Paukenhäute, aber auch die Luftsäule in der Luftröhre eine Rolle. Die Luftröhre der Vögel ist sehr unterschiedlich lang und geformt, entsprechend der Vielfalt der Stimmen. Luftsäcke im Inneren des Vogelkörpers schaffen Resonanzräume; auch kann der geöffnete Schnabel als Schalltrichter wirken. Dadurch

Vogelstimmen

Singende Heckenbraunelle.

erklärt sich zumindest teilweise die erstaunliche Lautstärke vieler Vogelrufe und Gesänge. So kann uns z. B. der Zaunkönig, einer unserer kleinsten Vögel, mit einem laut schmetternden Gesang überraschen, dessen Lautstärke in keinem Verhältnis zur Winzigkeit des Körpers zu stehen scheint.
Die Schallerzeugung im Vogelkörper ist also ein recht komplizierter Vorgang, an denen viele oft besonders ausgebildete Organe mitwirken. Zudem müssen manche Vögel, um bestimmte Laute hervorbringen zu können, festgelegte Körperhaltungen einnehmen. Die merkwürdigen Verrenkungen des Stockerpels beim Balzpfiff sind ein Beispiel dafür. Wenn man einen kleinen Singvogel während seines Gesangsvortrages genau beobachtet, sieht man geradezu, wie der ganze Vogelkörper mitarbeitet und sich im Rhythmus der Töne bewegt.

Instrumentallaute

Neben den im Kehlkopf erzeugten Vogellauten, die wir als Vokallaute bezeichnen können, gibt es in der Vogelwelt auch viele Beispiele für Instrumentallaute, die vor allem mit Federn oder dem Schnabel erzeugt werden. Vielfältig sind Fluggeräusche in Abhängigkeit von Bau und Benutzung der Schwungfedern. Balzende oder rasch abfliegende Ringeltauben klatschen mit den Flügeln, die im Flug zusammengeschlagen werden. Enten und Schwäne lassen beim Flug singende Fluggeräusche hören, die manchmal sogar mit Stimmen verwechselt werden können. Das Klingeln der Flügel beim Schellerpel hat dieser Art den Namen gegeben. Ein dumpfes »wuchtelndes« Fluggeräusch ist bei den Flugspielen des Kiebitzes über seinem Revier zu hören. Mit den abgespreizten äußeren Schwanzfedern erzeugt die Bekassine beim schrägen Abwärtsgleiten ein meckerndes Geräusch. Unter den mit Hilfe des Schnabels erzeugten Instrumentallauten sind das

Klappern des Storches und das Trommeln der Spechte gegen einen dürren Ast oder einen anderen Resonanzkörper am bekanntesten.

Art und Bedeutung von Vogellauten

Bisher haben wir ganz allgemein von Vogellauten gesprochen. Man kann dabei aber verschiedene Begriffe unterscheiden, die uns im Umgang mit der Vogelstimmenkunde die Diskussion etwas erleichtern.

Rufe

Als Rufe bezeichnet man meist kurze Lautgebilde, die entweder einzeln oder in lockerer Folge gereiht werden können. Sie entsprechen etwa dem Element eines Gesanges (s. unten). Viele Rufe hört man im Unterschied zum Gesang zu allen Jahreszeiten. Dies hängt mit ihrer Bedeutung zusammen, denn Rufe können z. B. als Warn-, Angst-, Stimmfühlungs-, Lock- oder Drohrufe zu interpretieren sein. So haben viele Arten ein ausgesprochenes Rufrepertoire, vor allem die Singvö-

Viele Singvögel besitzen ein richtiggehendes Repertoire verschiedener Rufe. Hier die Sonagramme einiger Rufe des Buchfinken, die uns auch mit Dialekten bekanntmachen.
a Typischer »Regenruf« (rülschen);
b weiterer »Regenruf«, klingt wie »huit«;
c in Griechenland rufen Buchfinken »hiid«;
d der Alarmruf ist »pink«;
e fliegt ein Sperber vorbei, hört man ein »siih«;
f der typische Flugruf ist ein kurzes »djüb«;
g das Weibchen fordert mit kurzen »sit« zur Paarung auf.

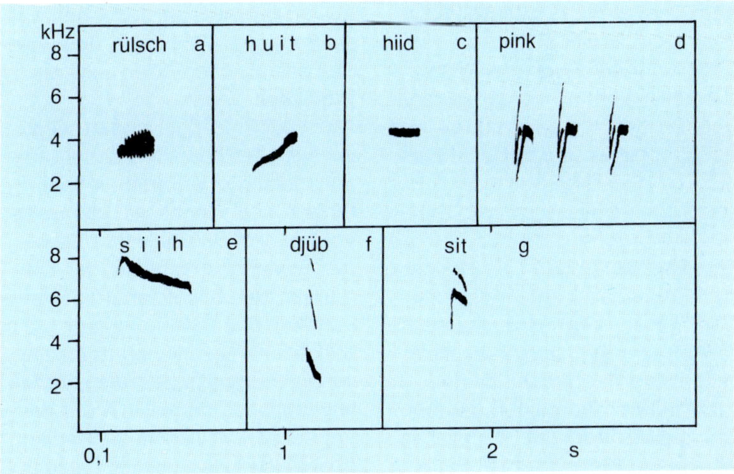

gel. Manche Rufe hört man nur oder meistens im Flug oder Abfliegen, wie z. B. das »djüb« des Buchfinken, das »zip« der Singdrossel oder das »ätch« der Bekassine. Rufe können sehr typisch für einzelne Arten sein und gestatten uns das Bestimmen bereits aus großer Entfernung oder in Situationen, in denen wir den Rufer gar nicht zu Gesicht bekommen. Man muß aber vor allem bei den Singvögeln gut aufpassen, da viele Rufe einzelner Arten einander sehr ähneln, ja manche Alarmrufe bei mehreren Kleinvogelarten gleich sind.

Gesang

Eindeutiger ist die Artbestimmung, wenn wir den Gesang hören. Unter dieser Bezeichnung fassen wir kompliziertere Lautgebilde zusammen, die z. B. eine Folge von kurzen Tönen, sogenannten Elementen, darstellen können. Folgen gleichartiger Elemente können sich zu Phrasen gruppieren, die sich zu einem längeren Gesangsstück, der Strophe, formen. Strophen, also Stücke des Vortrags, sind meist durch größere Pausen getrennt als Elemente bzw. Phrasen innerhalb einer Strophe. Gesänge können aus sehr einfachen Strophen bestehen, die ihrerseits aus mehr oder minder gleichartigen Elementen zusammengesetzt sind. Oft sind aber verschiedene Elemente zu Phrasen vereint, die dann einen sehr komplizierten Strophenaufbau bewirken. Damit aber noch nicht genug: Einzelne Gesänge können aus gleichen, aber auch aus sehr verschiedenen Strophentypen zusammengesetzt sein. Von der Amsel sind z. B. über 100 Strophentypen bekannt.

Bedeutung der Gesänge. Sie dienen z. B. der Reviermarkierung und -verteidigung, dem Anlocken eines Weibchens oder der Förderung des Zusammenhalts der Partner. Gesänge der Vögel stehen also meistens in unmittelbarem Zusammenhang mit der Fortpflanzung. In unserem Klimabereich reicht die Hauptsangeszeit daher vom Spätwinter bis Frühsommer; in den Morgen- und Abendstunden wird in der Regel am lebhaftesten gesungen. Oft singt nur das Männchen, doch können bei manchen Arten auch die Weibchen singen.

Nicht nur Singvögel singen, wenn wir auch bei ihnen die kompliziertesten Gesänge antreffen. Amsel, Singdrossel, Nachtigall oder Gelbspötter sind Beispiele für besonders variationsreiche Sänger. Die soeben kurz beschriebenen Eigenschaften und Funktionen der stimmlichen Lautäußerungen, die wir als Gesang bezeichnen, treffen wir aber auch bei vielen Nicht-Singvögeln an. Das nächtliche Heulen des Waldkauzes, das Lachen des

Grauspecht (links) und Grünspecht (rechts) sind Zwillingsarten, die man optisch vor allem an der Ausdehnung von Rot am Kopf unterscheiden kann (beides Männchen). Ihre »Gesänge« sind leicht auseinander zu halten, die Rufe dagegen sehr ähnlich.

Grünspechtes, das Trillern des Brachvogels – ja auch der »Ruf« des Kuckucks sind richtige Gesänge.

Gesang als unerläßliche Bestimmungshilfe. Gesänge und häufig auch Rufe sind typisch für einzelne Arten und daher sehr wichtige, ja sogar mitunter entscheidende Bestimmungshilfen. Bei sogenannten Zwillingsarten, die einander so ähnlich sind, daß wir sie nicht oder nur mit Mühe optisch unterscheiden können, ist die Stimme das eigentliche Kennzeichen, nicht nur für den Vogelbeobachter, sondern auch für die Vögel selbst. Zilpzalp und Fitis, Wald- und Gartenbaumläufer, Sumpf- und Weidenmeise, Sumpf- und Teichrohrsänger, aber z. B. auch Winter- und Sommergoldhähnchen oder Grau- und Grünspecht verfügen über ganz unterschiedliche Gesänge, im krassen Gegensatz zu ihrer optischen Ähnlichkeit. Teilweise, wie z. B. bei den Baumläufern oder bei den beiden Graumeisen, sind auch einige Rufe leicht zu unterscheiden. Auch innerhalb größerer Gruppen sehr ähnlicher Vogelarten können wir uns anhand des Gesanges (z. B. bei Rohrsängern, Schwirlen, Grasmücken, Laubsängern) oder der Rufe (z. B. bei Wasserläufern) zurechtfinden.

Garten- (links) und Waldbaumläufer (rechts) sehen sich zum Verwechseln ähnlich; ihre Gesänge sind aber ganz verschieden. Gartenbaumläufer (unten a) singen viel kürzer; die Strophe der Waldbaumläufer (unten b) ist länger und fällt gegen Ende zu ab.

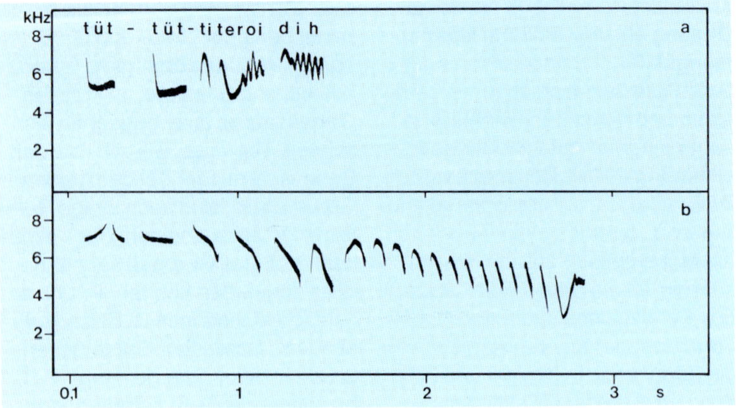

Die Kenntnis der Vogelstimmen ist also eine wichtige Voraussetzung für das sichere Ansprechen ähnlicher Arten. Rufe und Gesänge haben für den Vogel wie für den Vogelbeobachter darüber hinaus die wichtige Bedeutung, daß sie gewissermaßen »um die Ecke« zu hören sind. Wir können damit also Vögel registrieren, die wir gar nicht sehen, etwa im dichten Dach der Baumkronen, im undurchdringlichen Gebüsch oder Schilfwald, nachts auf dem Zug, bei Nebel oder schlechten Lichtverhältnissen. Manche Vögel leben auch so versteckt, daß wir sie in der Regel nur hören und ganz selten einmal zu Gesicht bekommen, wie z. B. den Wachtelkönig, die Wasserralle oder den Feldschwirl, natürlich auch manche Eulen. So werden wir bei einem ganz normalen Frühjahrsspaziergang im Wald mehr Vögel mit dem Ohr als mit dem Auge entdecken. Genaue Bestandsaufnahmen arbeiten daher viel mit akustischer Registrierung.

Darüber hinaus verraten Rufe und Gesänge der Vögel manches über die Situation, in der sie sich befinden. Anhaltender Gesang eines Männchens zeigt uns, daß hier ein Revier besetzt ist. Auf einen rasch zwischen den Bäumen und Büschen vorbeijagenden Sperber werden wir durch den vielstimmigen hohen Warnruf zahlreicher Kleinvögel aufmerksam. Im Hochsommer zeigen uns häufig die Bettelrufe der Jungen an, daß hier eine Brut herangewachsen ist und vielleicht sogar schon das Nest verlassen hat.

Spötter. Viele Regeln im Umgang mit der Vogelwelt haben aber zahlreiche Ausnahmen. Wenn wir betonen, daß die Gesänge und Rufe für die einzelnen Arten so typisch sind, daß wir sie sicher daran erkennen können, ohne den Vogel zu sehen, müssen wir allerdings auch anfügen, daß man gelegentlich Täuschungen aufsitzen kann. Manche Vogelarten ahmen andere im Gesang täuschend nach. Bei einigen ist dieses »Spotten« sogar zur Regel geworden. Der Sumpfrohrsänger bringt nicht nur täuschende Imi-

Ein guter Imitator mit wechselvollem Gesang ist der unauffällige Gelbspötter, ein Verwandter der Rohrsänger.

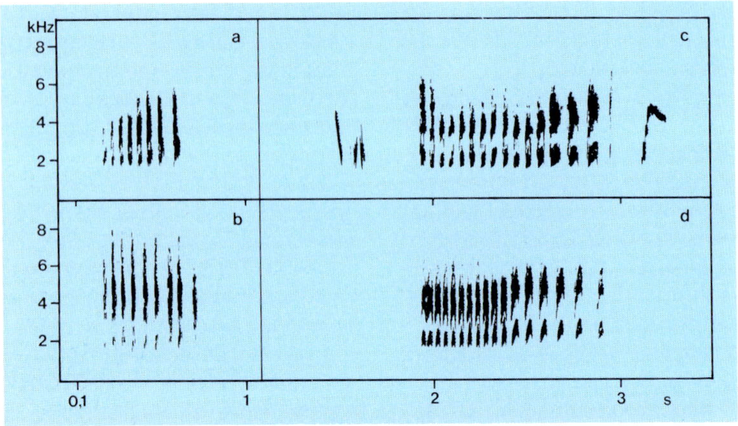

Perfekte Nachahmung. Unten die Vorbilder: (b) Alarmrufe des Haussperlings und (d) der Blaumeise. Oben Nachahmung durch den Sumpfrohrsänger; (c) Gesangsausschnitt. Verschmierte Gebilde im Sonagramm über einen weiten Tonhöhenbereich deuten geräuschhafte Laute an. Sie sind in der Notenschrift nicht darstellbar.

tationen von Rufen und Gesangsteilen der Vogelarten seiner europäischen Umgebung, sondern serviert uns auch einen Stimmenimport aus seinem afrikanischen Winterquartier. Bei belgischen Sumpfrohrsängern hat man Nachahmungen von durchschnittlich 45 afrikanischen Arten je Sänger gefunden! Der in unseren Gärten lebende Gelbspötter verdankt den zweiten Teil seines Namens dem Imitationstalent. Weitere Spötter der heimischen Vogelwelt sind z. B. Star, Neuntöter, Singdrossel, Blaukehlchen, Braunkehlchen oder Feldlerche. Bei Haubenlerche und Amsel ist die Nachahmung menschlicher Pfiffe als Gesangsbestandteil nachgewiesen.

Gesangsdialekte. Manchmal läßt uns die Stimmenkenntnis selbst bei häufigen Vogelarten zunächst im Stich, wenn wir eine neue Gegend aufsuchen. Es gibt nämlich bei Vögeln auch Gesangs- und Rufdialekte. Eine Art spricht innerhalb ihres Verbreitungsgebietes in einzelnen Gegenden eine unterschiedliche »Sprache«. Der »Regenruf« des Buchfinken klingt in einer Gegend etwa wie »rülsch«, in einer anderen wie »huit«. Mönchsgrasmücken in Süddeutschland hängen ihrem Gesang oft einige Laute leiernde Elemente (etwa wie »wiedl wiedl wiedl«) an, die in anderen Gegenden fehlen, so daß man zunächst einen unbekannten Vogel zu hören glaubt.

Wo Vögel beobachten

Die wichtigsten Lebensräume der Kulturlandschaft und ihre Vogelwelt

Vögel können wir buchstäblich vor der Haustüre oder vom Fenster aus beobachten, denn zumindest einige leben in engster Nachbarschaft mit den Menschen. Freilich werden wir nicht alle Vogelarten überall treffen und auch die Zahl der an einem Platz lebenden Vögel ist sehr unterschiedlich. Für jeden Lebensraum (Biotop) sind ganz bestimmte Arten typisch, die jeweils nebeneinander vorkommen. Man spricht daher auch von Artengesellschaften. Einige Gruppierungen verschiedener Vogelarten, die für Lebensräume des Kulturlandes typisch sind, werden wir im folgenden kurz beschreiben. Dadurch lassen sich erste Hinweise geben, welche Arten wir wo am wahrscheinlichsten beobachten können. Bei manchen Vögeln ist die Bindung an einen bestimmten Lebensraum sehr eng, so daß wir sie kaum jemals in anderen Biotopen antreffen. Wo viele Bäume stehen, gibt es keine Feldlerchen; mitten im Wald werden wir keinen Haussperling antreffen; im reinen Laubwald singen keine Goldhähnchen.
Doch nicht immer gelten solche Regeln. Eines schönen Herbsttages entdecken wir z. B. auf dem Obstbaum im Garten einige Tannenmeisen, die sich sonst nie dort sehen lassen, oder mitten über der Stadt einen kreisenden Mäusebussard, der dort eigentlich nichts zu suchen hat. Viele Vögel sind große Teile des Jahres auf der Wanderung, und zwar nicht nur die typischen Zugvögel. Auf dem Zug ins weit entfernt gelegene Winterquartier, auf dem Rückzug oder aber auf kurzen Streifzügen im Herbst, Winter oder Frühling kommen viele Vogelarten regelmäßig in Lebensräume, in denen sie im Sommer nicht anzutreffen sind. Viele Lachmöwen, die am Ufer der Seen und Teiche brüten, halten sich im Winter an den Flüssen und Brücken der Stadt auf. Stare und Schwalben übernachten im Herbst in großen Scharen im Schilf, Eichelhäher kommen im Herbst aus dem Wald in den Garten oder in die städtischen Anlagen. Ringeltauben sammeln sich ab Spätsommer auf den Feldern. Das ganze Jahr über oder zumindest in der Zeit, in der sie bei uns verweilen, sind viele Vogelarten nicht in einem ganz bestimmten Lebensraum, wie Wiese, Feld, Wald, Dorf, Teich usw. anzutreffen, sondern suchen vorübergehend verschiedene Gebiete auf. Manche Arten sind grundsätzlich auf die Kombination verschiedener Lebensräume angewiesen. So hat der Mäusebussard seinen Horst auf hohen Bäumen in den Randgebieten unserer Wälder; seine Nahrung aber jagt er auf der offenen Feldmark.

Wo Vögel beobachten

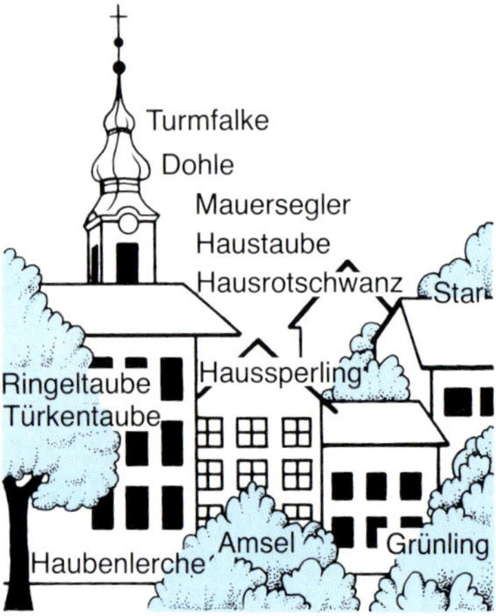

Brutplätze von Vögeln der Innenstadt.

Je nachdem, welche Rolle ein Lebensraum für eine Vogelart spielt, unterscheiden wir in einem Gebiet Brut- oder Sommervögel, die ihr Nest bauen, Junge großziehen und meist auch ihre Nahrung aus der nächsten Umgebung holen, von Gastvögeln. Bei letzteren wiederum kann man Durchzugsgäste erkennen, die nur im Frühjahr und Herbst auf ihrer Wanderung eine kurze Rast einlegen, aber auch Wintergäste, die fast ein halbes Jahr dableiben (z. B. Lachmöwe in der Innenstadt, Saatkrähe auf den Winterfeldern). Von solchen Gästen soll im wesentlichen im nächsten Kapitel die Rede sein. Hier beschränken wir uns auf die Brut- bzw. Sommervögel in den unterschiedlichen Lebensräumen. Die Bindung eines Brutvogels zu seiner Umwelt ist natürlich besonders eng, denn sie muß nicht nur ausreichende Nahrung für ihn und seine Jungen bieten, sondern auch geeignete Plätze zur sicheren Anlage des Nestes.

Lebensraum Stadt
Die wenigsten Brutvogelarten treffen wir in den Innenbezirken unserer

Viele Vögel brüten in Parks und Friedhöfen. Das Schaubild zeigt die Verteilung einiger typischer Neststandorte auf Büschen, Bäumen und am Haus.

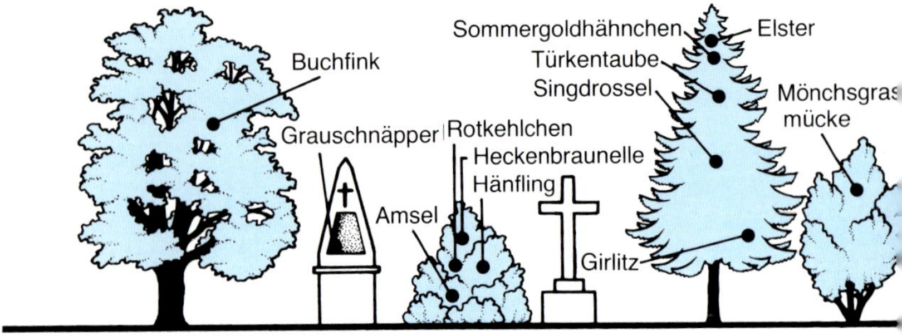

Grünling (Männchen).

Mehlschwalbe holt Nistmaterial.

Städte. Dieser Lebensraum wird durch zusammenhängende Häuserfronten, Straßen und Plätze bestimmt. Bäume gibt es nur einzelne oder höchstens in kleinen Gruppen. Den meisten der zahlreich durch die Straßen hastenden Menschen fallen nur die vielen Straßentauben auf, Abkömmlinge verwilderter Haustauben, die also ursprünglich nicht zu unserer freilebenden Vogelwelt gehörten, in den Städten aber nun ihren festen Platz erobert haben. Dennoch lebt eine ganze Reihe weiterer Vogelarten mitten in der Stadt. Zum festen Bestandteil der Stadtvogelwelt zählen z. B. Haussperling, Mauersegler, Amsel, Grünling, Türkentaube, Hausrotschwanz. Auf Türmen und alten hohen Bauwerken brüten Dohlen und Turmfalken. Wo einige Gärten oder Anlagen mit alten Bäumen das steinerne Häusermeer auflockern, treffen wir Kohlmeise, Blaumeise, Buchfink und vor allem in norddeutschen Städten die Ringeltaube als Brutvogel an. Auf öden Kies- oder Schuttflächen,

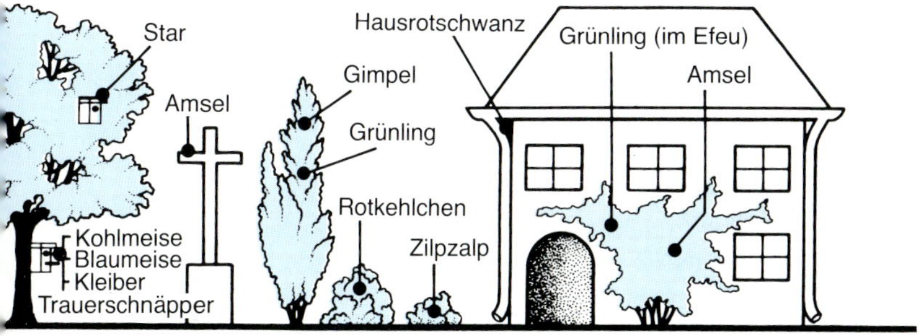

Turmfalken tragen ihren Namen mit Recht, denn sie brüten selbst mitten in der City auf Türmen und Häusern. Sie leben von Mäusen, haben aber in der Stadt gelernt, auch Kleinvögel zu schlagen.

Schleiereulen brüten meist unbemerkt auf Türmen von Dorfkirchen. Sie leben ausschließlich von Mäusen und Spitzmäusen. In vielen Gegenden ist heute leider ein Rückgang festzustellen. Man kann ihnen durch künstliche Brutstätten helfen.

Rangierbahnhöfen oder nicht bebauten Industrieflächen, neuerdings manchmal auch auf Flachdächern niedriger Häuser, brütet die Haubenlerche, die in den letzten Jahrzehnten allerdings in manchen deutschen Städten stark abgenommen hat.

Dort, wo sich neben den Häusern auch Gärten breitmachen oder die aufgelockerte Bauweise grünen Grasflächen, Gebüschen und Baumgruppen Platz bietet, wird das Vogelleben zunehmend bunter und abwechslungsreicher. Charakteristische Gartenstadtvögel sind z. B. Amsel, Grünling, Star, Kohlmeise, Blaumeise, Garten- und Hausrotschwanz, Buchfink, Türkentaube, Girlitz, Heckenbraunelle, Fitis, Zilpzalp, Gelbspötter, Grauschnäpper, Singdrossel, Klappergrasmücke, Gartengrasmücke, Mönchsgrasmücke, Rotkehlchen, Zaunkönig, also bereits eine erstaunliche Vielfalt von Arten. Am Stadtrand oder in den dörflichen Siedlungen kommen noch Bachstelze, Elster, Hänfling, Feldsperling und einige weitere dazu. Zur Vogelwelt des Dorfes oder der Vorstädte gehören auch Rauch- und Mehlschwalben, die im Inneren der Großstädte meistens fehlen. Die über den Häusern der Innenstadt oder der großen Wohnblocksiedlungen jagenden schwalbenähnlichen Vögel sind in der Regel Mauersegler, die nicht näher mit den Schwalben verwandt sind, ja sogar nicht einmal zu den Singvögeln zählen, von denen sie in vielen Details des Körperbaus abweichen. Die ähnliche Lebensweise führte zur Angleichung in der Körperform.

Größere Parks und Friedhöfe in den Städten sind lohnende Gebiete für den Vogelbeobachter. Hier sind jetzt auch typische Waldvögel regelmäßig zu erwarten, z. B. Spechte. Dort, wo Buchen stehen, sollten wir im Mai auf den schwirrenden Gesang des Waldlaubsängers achten. In Vorfrühlingsnächten können wir den heulenden Balzgesang des Waldkauzes hören. Aus Dickichten von Nadelbäumen sind die feinen Gesänge und Rufe von Tannenmeise, Haubenmeise und der Goldhähnchen zu hören. In hohen Weiden oder Pappeln singt der Pirol. Nicht weniger als 48 Vogelarten brüteten z. B. 1972 im Nymphenburger Park in München mit etwa 190 ha Größe und 38 Brutvögel fanden die Ornithologen 1966 im Jänischpark in Hamburg (45 ha). Zu den Parkvögeln zählt auch eine große Zahl von Gästen außerhalb der Brutzeit. Große Parkanlagen sind daher zu allen Jahreszeiten interessante Beobachtungsgebiete, durch deren regelmäßigen Besuch man viele interessante Einblicke in die heimische Vogelwelt gewinnt. Im Frühjahr und Frühsommer lohnen sich Vogelstimmenexkursionen bei Sonnenaufgang. Die Stadt ist dann noch ruhig und wir können von den ersten Märztagen bis gegen Mitte Mai im zunehmend vielstimmigeren Vogelkonzert viele Gesänge kennenlernen. Im Herbst und Frühjahr macht sich auch der Vogelzug im Park bemerkbar (s. nächstes Kapitel). Im Winter sind in dem durch Futterplätze und mildes Klima attraktiven Park oft mehr Vögel zu sehen als draußen im Wald.

Flugbilder schwalbenähnlicher Vögel

Rauchschwalbe

Mehlschwalbe

Mauersegler

Wo Vögel beobachten

Lebensraum Wald
Die Sommervogelwelt der Wälder enthält gegenüber den großen Stadtparks nicht nur einige neue Arten. Wir treffen vielmehr manche Vögel, die im Park zwar vorkommen, aber selten sind, häufiger und regelmäßiger an. Das gilt z. B. für viele Spechte, von denen der Schwarzspecht fast nur Waldvogel, der Kleinspecht dagegen mehr Garten- und Parkvogel ist. Während wir in Gärten und Parks häufiger den Gartenbaumläufer antreffen, kommt die Zwillingsart, der Waldbaumläufer, hauptsächlich im Wald vor, besonders im Nadelwald. Wälder bieten auch einigen Greifvögeln Brutplätze, so vor allem Mäusebussard, Habicht und Sperber. Wälder haben jedoch ein ganz verschiedenes Aussehen und beherbergen auch unterschiedliche Vogelarten. Grundsätzlich gilt: Je einförmiger der Wald, desto ärmer die Vogelwelt.
Fichtenwald. Im einförmigen Fichtenforst, in dem nur gleichalte Bäume dicht nebeneinanderstehen, ist das Vogelleben in erster Linie auf Tannenmeise, Haubenmeise, die beiden Goldhähnchen und Buchfink beschränkt. Früh am Morgen oder in der Abenddämmerung singen einzelne Mistel- oder Singdrosseln von den Baumwipfeln. Weitere Arten sind meist nur in ganz geringer Zahl oder unregelmäßig anzutreffen, wie z. B. der Fichtenkreuz-

Urwüchsiger Mischwald mit verschiedenen Baumarten und unterschiedlichen Altersklassen bietet Lebensraum für eine artenreiche Vogelwelt.

Einförmige Fichtenforste sind dagegen artenarm. Tannenmeise, Haubenmeise, Buchfink und Goldhähnchen treffen wir aber auch hier überall an.

schnabel, der mitunter in günstigen Zapfenjahren in großen Scharen durch die Fichtenwälder zigeunert.

Kiefernwald. Ähnlich arm ist auch die Vogelwelt im einförmigen Kiefernwald. Das soll aber nicht heißen, daß Nadelwälder grundsätzlich gegenüber Laub- und Mischwäldern für Vogelbeobachter uninteressant sind. Wenn verschiedene Altersstufen der Bäume nebeneinanderstehen oder Lichtungen das einförmige Bild auflockern, erhöht sich die Zahl der Arten. Auf Lichtungen brüten z. B. mitunter Heidelerche, Ziegenmelker und häufig der Baumpieper; in dichten Jungkulturen der Fichten leben Heckenbraunelle, Rotkehlchen, Fitis oder Klappergrasmücke.

Höhlenbrüter. Wichtig für viele Waldvögel sind große und alte Bäume, vor allem für die Höhlenbrüter. Nur die Spechte können sich ihre Bruthöhlen selber zimmern; einige Arten sind damit auch zugleich die Höhlenlieferanten für weitere Waldvögel. So brüten z. B. Hohltaube und Dohle in ehemaligen Schwarzspechthöhlen; der Buntspecht liefert für kleinere Höhlenbrüter den Wohnraum, z. B. Meisen, Fliegenschnäpper, Kleiber. In intensiv durchforsteten Beständen fehlen solche Bruthöhlen. Man kann durch Nistkästen einen gewissen Ersatz schaffen. Wichtig ist aber dennoch, daß der Forstmann einzelne alte Höhlenbäume stehen läßt. Auch

Heckenbraunelle am Nest.

Waldkauz oder Rauhfußkauz sind auf sie angewiesen.

Auwald. Ein besonders wichtiger Waldtyp ist in Mitteleuropa sehr selten geworden. Es handelt sich um den Auwald, der an ganz wenigen Stellen noch in Resten einigermaßen naturnah gebliebene Flußufer säumt. In den Flußauen, die noch von regelmäßigen Überschwemmungen heimgesucht werden, kann sich ein urwaldähnliches Pflanzendickicht entwickeln, in dem eine große Zahl von Vögeln ihre Heimat findet. Das reiche Insektenangebot von Flußaltwässern tut ein übriges dazu. Wasser- und Sumpfvögel, Bewohner des dichten Bewuchses von Schilf, Binsen, Brennesselbüschen, und schließlich Baumvögel treffen im Auwald aufeinander. So gibt es kaum eine Landschaftsform bei uns, in der mehr Vogelarten nebeneinander leben können.

Wo Vögel beobachten

Die Feldlerche ist der häufigste Brutvogel der Ackerlandschaft.

Lebensraum Feldmark
Viele neue Sommervogelarten sind zu erwarten, wenn wir Park und Wald verlassen und die Feldmark aufsuchen. Diese Landschaft enthält Wiesen, Äcker, Dörfer, Feldgehölze und Hecken, auch mitunter Bachläufe, Tümpel und nicht genutzte Brach- oder Ödflächen als prägende Elemente. Doch die Intensivierung der Bodennutzung mit landwirtschaftlichen Maschinen, Einsatz von Chemikalien und der Anlage großer einheitlicher Flächen hat selbst viele ehemals häufige Feldvögel vertrieben.

Intensiv bewirtschaftete Ackerflächen. Sie zählen heute zu den vogelärmsten Gebieten unserer Kulturlandschaft, auf denen vielfach noch weniger Vögel anzutreffen sind als in einem Stadtzentrum. Über riesigen Maisschlägen sind z. B. oft kaum einige Feldlerchen zu hören. Goldammer, Wachtel, Rebhuhn, Schafstelze und in klimatisch milderen Gebieten die Grauammer sind neben der Feldlerche charakteristische Brutvögel der offenen Landschaft. Zum Ackervogel ist vielfach auch der Kiebitz geworden. Als ursprünglicher Moor- und Feuchtwiesenbrüter hat er sich wohl oder übel der neuen Situation angepaßt.

Wiesen. Andere Arten haben sich mehr oder minder erfolgreich auf dem Grünland als Wiesenvögel angesiedelt, wie der Brachvogel oder in Norddeutschland Rotschenkel und Uferschnepfe. Die Intensivierung der modernen Gründlandnutzung macht aber auch ihnen die Existenz schwer. Die Bekassine ist nach wie vor auf Moorgebiete oder sehr feuchtes Grünland angewiesen. Weitere typische Wiesenvögel sind Wachtelkönig, Braunkehlchen und vor allem in Norddeutschland der Wiesenpieper. Der auffallendste Vogel der Feldmark, der Jagdfasan, verdankt seine Existenz zahlreichen Aussetzungsaktionen der Jäger. In manchen Gebieten wird das beliebte Niederwild laufend ausgesetzt.

Hecken und Feldgehölze. In den Hecken, aber noch mehr in größeren Feldgehölzen leben viele Vögel. Oft sind in der intensiv genutzten Agrarlandschaft Büsche und Baumgruppen letzte Rückzugsgebiete, in denen eine Reihe von Vogelarten ihre Jungen aufziehen kann. Ein typischer und häufiger Brutvogel der Feldgehölze ist die Wacholderdrossel geworden, die sich seit Anfang des Jahrhunderts über weite Gebiete Mitteleuropas ausgebreitet und vermehrt hat. In vielen Gebieten war sie früher nur als Wintergast oder Durchzügler bekannt; die »Krammetsvögel« wurden auch gefangen und gegessen.

Bestandsveränderungen. Viele Vögel in der Kulturlandschaft sind in ih-

Der Fasan ist eigentlich ein Fremdling in unserer Feldflur und durch künstliche Aussetzung durch die Jäger eingebürgert worden. Seine Heimat liegt in Asien.

Der Mäusebussard ist der einzige größere Greifvogel, den wir noch häufig über Felder und Wiesen jagen sehen können. Seine Nahrung besteht aus Kleinsäugern.

Wo Vögel beobachten

Der Neuntöter brütet besonders gern in dornigen Feldhecken. Sein Bestand hat aber in vielen Gegenden stark abgenommen. Unser Bild zeigt ein Männchen.

Die Wacholderdrossel hat sich in Mitteleuropa stark vermehrt und ist in viele Gebiete neu eingewandert. Sie brütet häufig kolonieweise in kleinen Gehölzen oder am Waldrand.

rem Bestand in den letzten Jahren zurückgegangen und sogar gebietsweise verschwunden. In der Feldmark gilt dies z. B. für Wachtelkönig, Wachtel, Rebhuhn, Braunkehlchen, Steinschmätzer, Neuntöter oder Dorngrasmücke. Die beiden zuletzt genannten Arten sind typische Busch- und Heckenbrüter. Weitere Beispiele für den Rückgang von Vogelarten werden auf S. 169 noch erörtert.

Wie die Wacholderdrossel haben aber auch einige andere Arten in ihrem Bestand stark zugenommen oder sind sogar in weite Gebiete neu eingewandert. Das bemerkenswerteste Beispiel ist die Türkentaube, die erst nach 1945 in Deutschland auftauchte und mittlerweile riesige Areale Mittel-, West- und Nordeuropas »erobert« hat. Die Gründe für derartig auffallende Veränderungen sind nicht ganz klar. Sicher ist, daß hierbei mehrere Faktoren mitspielen. Schon im vorigen Jahrhundert, gebietsweise noch früher, ist die Amsel vom Wald- zum Gartenvogel geworden und hat dabei enorm zugenommen. Andere Drosseln, wie Sing- und Misteldrossel, haben nur in manchen Städten als Park- oder Gartenvögel neue Lebensräume besiedelt. Die Ringeltaube hat sich in Nord- und Westdeutschland dem Menschen enger angeschlossen. Im Küstengebiet gilt dies auch für die Silbermöwe. So können wir mitunter in relativ kurzer Zeit Veränderungen beobachten, die oft als Reaktion auf Änderungen zu deuten sind, die der Mensch ständig in der Kulturlandschaft verursacht. Fälle, wie die eben angedeuteten, dürfen uns aber nicht darüber hinwegtäuschen, daß insgesamt gesehen die Bilanz negativ ist, also mehr Vögel abnehmen oder verschwinden als zunehmen bzw. einwandern.

Lebensraum Wasser
Verarmung betrifft vor allem die Vogelarten, die vom Wasser abhängig sind. Darin spiegelt sich die Misere unseres Wasserhaushaltes in der Kulturlandschaft wider.
Bäche und Flüsse. An naturnahen Bächen und Flüssen mit abwechslungsreichen Uferzonen, Windungen, Inseln und Flußbänken, brüten Gebirgsstelze, Wasseramsel, Eisvogel, Flußregenpfeifer und Flußuferläufer. In vielen Gebieten sind diese Arten aber schon verschwunden oder sehr selten geworden als Folge von Wasserverschmutzung, Flußregulierungen, schließlich Verbauung der Bach- und Flußufer sowie Störungen.

Weil er Fische fängt, wurde der Graureiher jahrzehntelang rücksichtslos verfolgt. Durch wirksamen Schutz hat sich der Bestand in Mitteleuropa heute wieder etwas erholt.

Feuchte Seggenbestände und Rohrdickichte sind der Lebensraum der Rohrammern. Unser Bild zeigt ein Männchen mit Futter.

Schon kleine Tümpel sind in der Feldmark oft interessante Vogeloasen. Diese Wasserstelle, im Rahmen der Flurbereinigung angelegt, bietet Brut- und Nahrungsraum für Rohrammer, Stockente, Bläßhuhn, Zwergtaucher und wirkt als Trittstein für Zugvögel.

Seen. Ähnlich liegen die Dinge an unseren Seen. Nur wenige Prozent der Seeufer weisen noch einen ungestörten Binsen- und Schilfgürtel auf, der Brutplätze für Rohrdommel, Zwergdommel, Enten, Rallen und viele andere Arten bietet. Unter den Singvögeln sind vor allem die Rohrsänger sehr eng an das Leben im Rohrwald angepaßt. Immer stärkere Belastung durch Badebetrieb und Wassersport, der durch neuartige Freizeitausrüstung auch die kühleren Jahreszeiten kaum mehr ausläßt, führt dazu, daß unsere Seen vogelleer werden. Schon hat der einst so häufige Haubentaucher Probleme, seine Eier in den floßartigen Schwimmnestern auszubrüten und die Jungen ungestört aufzuziehen. Möwen- und Seeschwalbenkolonien müssen besonders geschützt werden. Oft sind nur ein paar halbzahme Stockenten und Höckerschwäne die einzigen Wasservögel im Sommer auf unseren stehenden Binnengewässern.

Kleinere Gewässer. Auch auf kleinen Gewässern, wie Teichen, Tümpeln, Dorfteichen, Wiesengräben können wir mehrere typische Wasservogelarten als Brutvögel entdekken, z. B. Teichhuhn, Zwergtaucher, Bläßhuhn und im dichten Uferbewuchs die Rohrammer.

Für die Wasservogelwelt hat sich die Errichtung von künstlichen Wasserflächen teilweise als sehr günstig ausgewirkt. Stauseen mit Uferzonen, künstliche Teiche und Tümpel bieten vielen Arten Ersatz für verloren gegangene Lebensräume.

Lebensraum Moor
Die Brutvogelwelt der Moore ist meist nur noch in kümmerlichen Resten vorhanden. Dort, wo noch Schilf und Schwertlilie wachsen oder das Torfmoos nasse Bülten bildet, kann man Brachvogel, Bekassine, Schilfrohrsänger, Krickente, Tüpfelsumpfhuhn, Braunkehlchen und andere Arten beobachten. Auch Baumfalken jagen gern über solchen Gebieten. Das Birkwild ist als Hochmoorvogel bei uns so gut wie ausgestorben; nur noch im Hochgebirge in der Krummholzzone kann es sich einigermaßen halten, vorausgesetzt, die Erschließung der Berge für Tourismus und Wintersport läßt eine Chance.

Artenreichtum und Häufigkeit
Der Gang durch die Lebensräume der mitteleuropäischen Kulturlandschaft bietet also nicht immer nur freudige Überraschungen. Fast auf jedem größeren Spaziergang lassen sich neue Eingriffe und Veränderungen entdecken, oft nur kleine, die sich aber in ihrer Vielzahl zu gewaltigen Dimensionen summieren. Gerade in den letzten Jahrzehnten hat sich nicht nur das Gesicht der Kulturlandschaft, sondern auch die Zusammensetzung ihrer Vogelwelt entscheidend verändert. Nicht alles muß sein!
In besonders wertvollen Landschaftsteilen leben meist mehr Vogelarten nebeneinander als in solchen, die vom Menschen intensiv genutzt werden, wie z. B. Siedlungskerne oder Agrarflächen. Dafür sind hier oft die wenigen Arten in großer Individuenzahl vertreten. In Stadtbiotopen machen z. B. in der Regel Amseln und Haussperlinge mehr als die Hälfte aller auf einer Fläche brütenden Vogelpaare aus (vgl. Grafik S. 58/59). Die meisten der übrigen regelmäßig zu beobachtenden Vogelarten spielen dann nur eine geringe Rolle. In artenreichen Lebensräumen sind dagegen die Anteile der Häufigkeiten meist viel gleichmäßiger über die einzelnen Arten verteilt. Die dominierenden Arten erreichen kaum mehr als 10 Prozent aller Vogelpaare. Hier leben dann oft auch Arten, die man nicht überall antrifft. Das Vorkommen »seltener« Arten spielt daher eine wichtige Rolle bei der Bewertung von Flächen als Lebensrauminseln oder »ökologische Zellen«. Es kommt also nicht nur auf die Menge der zu beobachtenden Vögel an, sondern auf die besondere Situation der einzelnen Arten, die man nur dann erwarten kann, wenn ganz bestimmte Voraussetzungen erfüllt sind (vgl. Beispiel auf den folgenden Seiten).

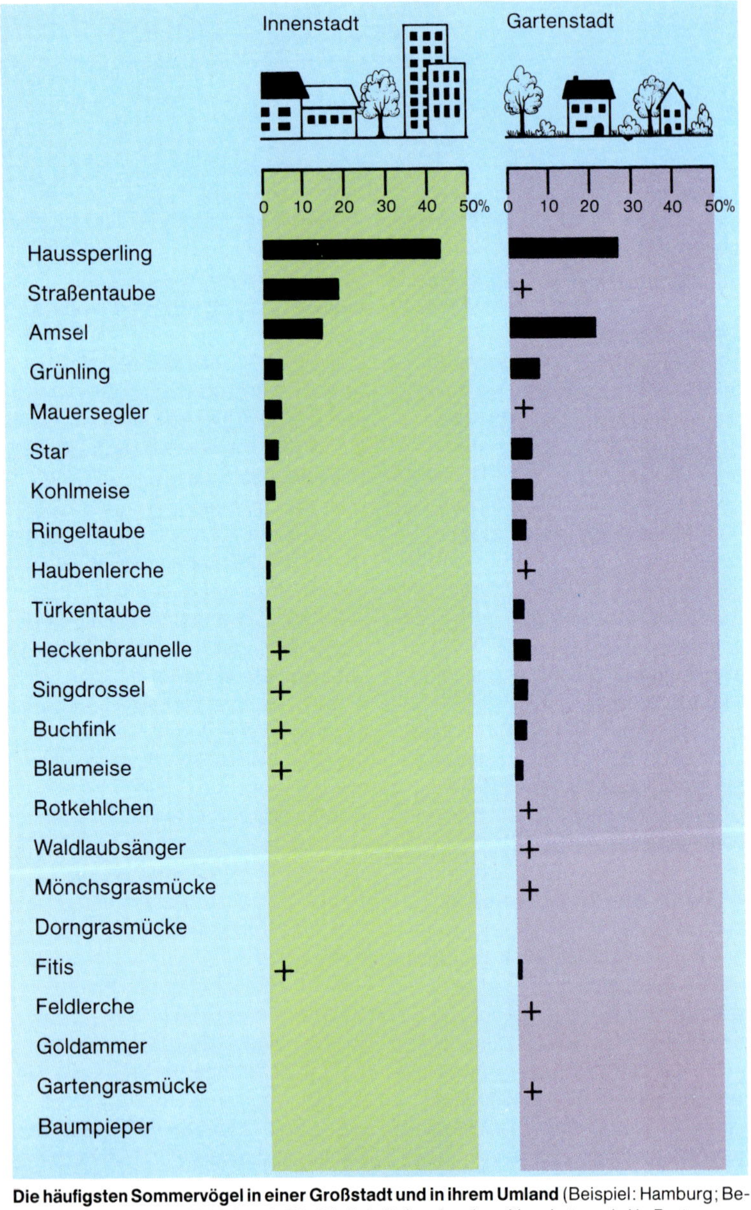

Die häufigsten Sommervögel in einer Großstadt und in ihrem Umland (Beispiel: Hamburg; Bestandsaufnahmen von R. Mulsow). Die Häufigkeit der einzelnen Vogelarten wird in Brutpaaren ermittelt.

Angegeben ist der jeweils auf eine Vogelart treffende Prozentsatz der insgesamt auf einer Kontrollfläche festgestellten Vogelpaare aller Arten. » + « bedeutet, daß die betreffende Vogelart weniger als 1% erreichte.

Vögel im Jahreslauf

Vogelkalender – Vogeluhr

Im Vogelkalender spielen drei miteinander zusammenhängende Ereignisse die Hauptrolle: Wanderungen (Vogelzug), Fortpflanzung und Federwechsel (Mauser). Diese Vorgänge bestimmen nicht nur, wo wir einen Vogel im Laufe des Jahres antreffen können, sondern auch wie er sich verhält, und z. T. wie er aussieht. Für den Beobachter ist also ein Vogel während der Zeit, in der er sich bei uns aufhält, nicht immer mit gleicher Wahrscheinlichkeit zu entdecken. Zu Beginn der Brutzeit fallen viele Vögel durch ihren Gesang oder die Prachtkleider der Männchen auf; wenige Monate später sind sie still und im unscheinbaren Schlichtkleid schwer auszumachen. Doch läuft für die einzelnen Arten der Kalender ganz verschieden, so daß die Ereignisse sich im einzelnen überschneiden und ein verwirrendes Bild der Vielfalt ergeben. Einfache schematische Vogelkalender oder Vogeluhren, wie sie immer wieder gern als sogenannte Beobachtungshilfen aufgestellt werden, geben die Wirklichkeit meist ganz unvollkommen wieder und können sogar falsche Vorstellungen erwecken.

Wanderungen

Fast das ganze Jahr über sind irgendwelche Vögel irgendwo auf der Wanderschaft. Regelmäßige Wanderungen zwischen dem Brutplatz im Sommer und einem weit entfernt liegenden Winterquartier in anderen Klimazonen nennen wir **Vogelzug** und Vögel, die solche jahreszeitlich festliegenden Wanderungen ausführen, **Zugvögel.** Typische Zugvögel sind z. B. Schwalben, Laubsänger, Grasmücken, Kuckuck, Pirol, Mauersegler. Manche Vogelarten wandern aber nur über kürzere Entfernungen und oft nicht regelmäßig auf bestimmten Routen oder in bestimmte Richtungen. Man spricht von **Strichvögeln** (Beispiele: Meisen, manche Finken). Ganz unregelmäßige Wanderungen, oft in Abständen von vielen Jahren, führen zu **Invasionen.** Bei uns in Mitteleuropa sind aus dem Norden und Osten gelegentlich solche Invasionen zu erwarten, z. B. vom Sibirischen Tannenhäher, von Kreuzschnäbeln, Birkenzeisigen und auch Seidenschwänzen. Letztere sind jedoch mehr Zugvögel, die in manchen Jahren in größerer Zahl weiter nach dem Süden kommen als in anderen. Dies hängt oft von den Verhältnissen im nördlichen Brutgebiet ab, ob es z. B. viel Nachwuchs gab und/oder nach der Brutzeit die Nahrung knapp ist usw. Sehr unregelmäßige Wanderungen unternehmen die Fichtenkreuzschnäbel, die weit herumstreifen und sich auch in ihrem Bruttermin nicht fest an den Jahres-

lauf binden. Wir sprechen bei ihnen von **Zigeunervögeln. Standvögel** schließlich sind Arten, die überhaupt keine größeren Wanderungen unternehmen, sondern das ganze Jahr über im engen Umkreis an Ort und Stelle bleiben, wie z. B. Haussperling, Rebhuhn und in den Städten auch die Amsel. Nicht alle Vögel, die wir das ganze Jahr über bei uns beobachten können, sind allerdings Standvögel, denn bei manchen Arten sind im Winter andere Individuen da als im Sommer: Einheimische Brutvögel sind weggezogen, Artgenossen aus anderen Gebieten zugewandert. Die Verhältnisse sind also recht kompliziert und auch bei uns in Mitteleuropa von Gegend zu Gegend ganz verschieden.
Typische Zugvögel sind bei uns nur im Sommerhalbjahr anzutreffen. Die Zeit solcher Sommervögel kann sehr kurz sein, für Mauersegler, Pirol oder Kuckuck nur etwa 3–4 Monate von Mai bis August. Das Winterquartier dieser Arten liegt in den Tropen Afrikas; sie müssen also das Mittelmeergebiet und die Sahara überqueren. Wir sprechen daher auch von **Langstreckenziehern.** Zu ihnen zählen u. a. Seeschwalben, Wespenbussard, Weißstorch, Turteltaube, Wendehals, Schwalben, Gartengrasmücke, die meisten Rohrsänger, Gartenrotschwanz, Waldlaubsänger, Neuntöter, Grauschnäpper. Langstreckenzieher

Langstreckenzieher Schafstelze im tropischen Winterquartier in Afrika (oben), nach der Rückkehr in Deutschland (unten).

treffen relativ spät bei uns ein, nämlich frühestens Ende März, meist nicht vor Mitte April, oft erst Anfang Mai, und verlassen uns früh wieder, meist ab August, nur ausnahmsweise nach Anfang Oktober. Ihr Kalender ist im allgemeinen recht genau. Die am spätesten eintreffenden Arten sind in ihren Ankunft- und Abzugszeiten von Jahr zu Jahr auch am pünklichsten. Man kann von richtiggehenden Kalendervögeln sprechen; das Wetter hat nur einen geringen Einfluß auf den Zeitpunkt ihrer Ankunft bzw. Abreise.
Anders bei den **Kurzstreckenziehern,** die meist im Mittelmeergebiet oder in Westeuropa überwintern. Sie treffen bei uns oft bereits ab Mitte Februar ein und ziehen endgültig erst von Oktober bis Ende November ab; manche versuchen auch noch länger auszuhalten, besonders in milderen Gegenden. Im Unterschied zu den Langstreckenziehern spielt bei ihnen das Wetter eine wichtige Rolle. Lang anhaltende Winter können ihre Ankunft verzögern; späte Wintereinbrüche lösen sogar mitunter einen Rückzug als Ausweichbewegung in wärmere Gebiete aus. Andererseits wird im Herbst der Abzug bei schönem Wetter lange hinausgezögert. Kurzstreckenzieher sind also richtige Wettervögel. Allerdings können auch sie das Wetter nicht vorherahnen. Ihr früher oder später Abzug sagt nichts darüber aus, wie kalt oder mild der kommende Winter wird. Typische Kurzstreckenzieher sind z. B. Bachstelze, Singdrossel, Misteldrossel, Feldlerche, Hausrotschwanz, Zilpzalp, Ringeltaube, Kiebitz, Star, Hänfling, Rohrammer. In manchen Gegenden lassen sich Kurzstreckenzieher auch im Winter gelegentlich blicken. Dabei kann es sich um Vögel aus nördlichen und östlichen Gegenden handeln oder auch um einzelne zurückgebliebene des ortsansässigen Bestandes. Viele Kurzstreckenzieher sind nämlich sogenannte **Teilzieher:** Ein Teil der Vögel zieht ins Winterquartier ab, der andere bleibt da. Typische Teilzieher sind Turmfalke, Mäusebussard, Zaunkönig, Rotkehlchen, Heckenbraunelle, Stieglitz, Buchfink, Amsel und auch manche der schon vorher genannten Kurzstreckenzieher. Die Unterschiede sind also nicht immer ganz scharf und wir müssen uns hüten, die Verhältnisse zu schematisch zu sehen.
Unterschiedliches Zugverhalten ist also der Grund, daß wir in einem Beobachtungsgebiet Sommervögel und Jahresvögel unterscheiden können. Doch führt der Vogelzug auch **Wintergäste** zu uns, deren Brutgebiet nördlich oder östlich von Mitteleuropa liegt. Manche erscheinen regelmäßig und in großer Zahl, so z. B. Bergfinken, Saatkrähen, Zeisige, und in manchen Jahren auch

Rastplätze für überwinternde Wildgänse sind die Grünländer der Tiefebene, vor allem im Küstenhinterland. Nonnongänse (darunter einige Bläßgänse) fallen auf ihren Weideplätzen ein.

Birkenzeisig, Seidenschwanz und Schneeammer. Am offenen Wasser finden sich viele Wasservögel als Wintergäste ein, Gründel- und Tauchenten, Säger, Möwen und manchmal auch Seetaucher, Kormorane und andere. In Niederungsgebieten mit großen Grünflächen überwintern Wildgänse in großen Scharen, insbesondere im Hinterland von Nord- und Ostseeküste. Schließlich wird Mitteleuropa aber auch von einer großen Zahl von Vögeln überflogen, die von Nord- und Osteuropa bis Sibirien ihre Brutheimat haben und ihre Winterquartiere im Mittelmeergebiet oder Afrika aufsuchen. Solche regelmäßigen **Durchzugsgäste** sind z. B. Strandläufer und Wasserläufer am seichten Seeufer, Fischadler, manche Seeschwalben, oder unter den Singvögeln die Rotdrossel. Zu Durchzugsgästen zählen gebietsweise auch viele Arten, die wir sonst als Sommer- oder Jahresvögel in Mitteleuropa feststellen können. Durchzügler fallen oft durch ihre große Zahl auf, manchmal aber auch an ungewöhnlichen Plätzen.

Vögel im Jahreslauf

Im August/September kommen viele Strand- und Wasserläufer auf ihren Wanderungen auch ins Binnenland. Im Bild zwei Sichelstrandläufer im Schlichtkleid auf dem Herbstzug. Ihre Brutheimat liegt im nördlichsten Sibirien.

Vogelzug macht sich also am auffallendsten in der Veränderung des Vogelbestandes im Jahreslauf bemerkbar. Besonders im Spätsommer und Herbst können wir aber auch oft schon viele Wochen vor dem Abzug beobachten, wie sich manche Vogelarten zu größeren Trupps und Schwärmen vereinigen. Sie sammeln sich gewissermaßen vor dem Abzug oder streifen in größeren Trupps umher, bevor sie uns dann endgültig verlassen. Auf den Drahtleitungen sammeln sich große Staren- und Schwalbentrupps, auf Wiesen und Äckern Kiebitze, Ringeltauben, Drosseln und andere Arten. Seltener können wir Vögel direkt auf ihren Wanderungen beobachten, wie z. B. die Kraniche, die regelmäßig im Frühjahr und Herbst über das mittlere Deutschland hinwegziehen. Sie stellen wohl den auffallendsten Vogelzug in unseren Breiten dar.

Besonders günstige Punkte, den Vogelzug direkt zu beobachten, sind Inseln vor der Küste oder Halbinseln und im Gebirge Paßregionen. An einigen solchen Stellen werden regelmäßig Zugvögel gezählt oder von Mitarbeitern wissenschaftlicher

Storchenring der Vogelwarte Hiddensee, der in Bayern einem an einer Hochspannungsleitung verunglückten Storch abgenommen wurde. Die Inschrift ist hier besonders groß, damit die Nummer auch mit dem Fernglas abgelesen werden kann. Wissenschaftliche Vogelringe tragen neben einer Buchstaben- und Zahlenkombination immer den Namen eines Instituts und eines Landes im Unterschied zu privaten Züchterringen. Ringe bzw. Ringnummern sollte man unter Angabe von Datum und Fundort möglichst bald einschicken (Adressen am Ende des Buches).

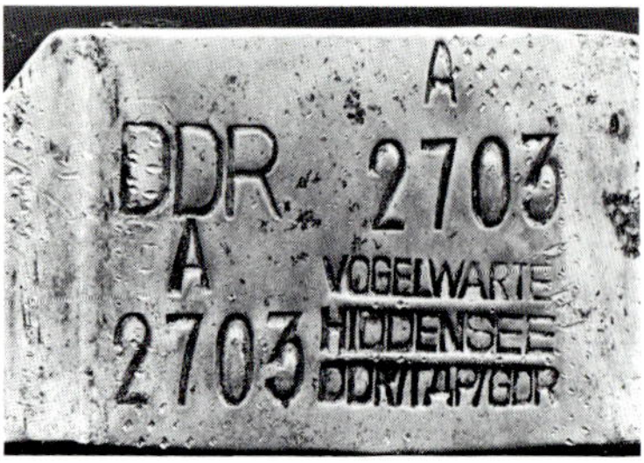

Institute auch gefangen und beringt. Der Vogelring gibt uns Aufschluß über Zugwege, aber auch über weitere Fragen des Vogellebens, wie z. B. Lebensalter, Ortstreue oder Verwandtschaftsverhältnisse innerhalb einer Vogelbevölkerung. Wenn wir einen toten oder verletzten Vogel mit einem Ring finden oder einmal einen verflogenen Ringvogel lebend in die Hand bekommen, sollten wir nach Möglichkeit den Ring sicherstellen, zumindest beim lebenden Vogel aber die Aufschrift genau ablesen und den Ring bzw. die Ablesung mit genauer Angabe von Fundort, Datum und Fundumständen an ein vogelkundliches Institut einschicken (Anschriften s. am Ende des Buches). Manche Ringe sind aber nicht von wissenschaftlichen Instituten. Tauben, Fasane, Stockenten und in Gefangenschaft gehaltene Kleinvögel werden mit Züchter- oder Privatringen versehen. Ein wissenschaftlicher Vogelring enthält immer den Namen eines Instituts, die Angabe eines Landes sowie eine fortlaufende Nummer mit Buchstabenkombination, unter der er registriert ist.

Fortpflanzung

Die Fortpflanzung der Vögel beginnt in der Regel mit der Besetzung geeigneter Brutreviere, meist durch die Männchen. Damit teilen die einzelnen Vogelpaare einer Art das für sie in Frage kommende Gebiet gewissermaßen unter sich auf. Das Revier soll eine ausreichende Ernährung und Sicherung der Brut garantieren. Dabei entstehen natürlich oft Grenzkonflikte zwischen Nachbarn oder herumzigeunernden einzelnen Individuen. Die aggressiven Auseinandersetzungen lassen sich im Frühjahr z. B. an den Amseln unserer Gärten besonders gut beobachten. Ein Mittel, das Revier unmißverständlich anzuzeigen und unnötige Streitereien zu vermeiden, ist der laute Vogelgesang. Die Zeit vor der Eiablage und der Aufzucht der Jungen ist daher die Hauptsangeszeit, doch singen viele Vögel auch noch während der ganzen Brutzeit. Für den Vogelbeobachter ist die Sangeszeit besonders wichtig, da er hier die einzelnen Arten am leichtesten entdecken kann. Der Reviergesang ist bei den meisten Arten recht laut und auffällig. Die Sangeszeit beginnt bei uns schon Ende Februar/Anfang März und setzt sich bis in den Sommer hinein fort. Die einzelnen Arten haben aber einen ganz unterschiedlichen Sangeskalender. Auch die tageszeitliche Verteilung der Vogelgesänge ist sehr vielfältig. Die Gesangshäufigkeit richtet sich nach dem Wetter, der Helligkeit, dem Stand des Brutgeschäftes und natürlich auch nach der Zahl möglicher Konkurrenten. Häufig entsteht zwischen Revier-

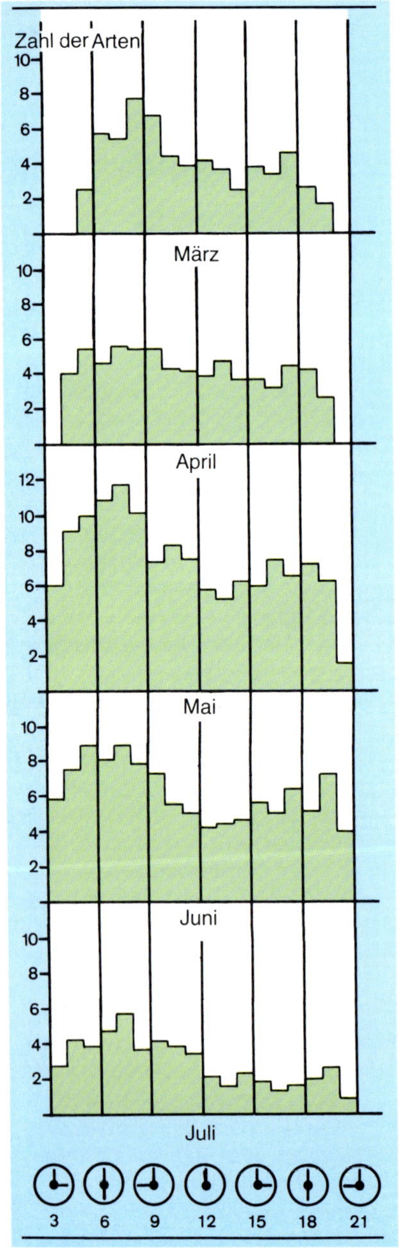

Vogeluhr und Vogelkalender hängen eng miteinander zusammen. Unsere Grafik wertet Beobachtungen aus einem Waldrandgebiet in Bayern aus. Für jeden Monat wurden an 10 Beobachtungstagen zu allen Tageszeiten die singenden Vogelarten registriert. Die Säulen zeigen die Mittelwerte der pro Stunde singenden Vogelarten.

Wir erkennen:

■ Die meisten Arten singen in den Morgen- und Vormittagsstunden; nach einem Tiefpunkt am Mittag und am frühen Nachmittag wird abends der Gesang meist wieder etwas lebhafter.

■ Entsprechend der Tageslänge verschiebt sich der Gesangsbeginn von März bis in den Sommer hinein immer mehr in die frühen Morgen- und die späten Abendstunden. Der lebhafteste Vogelgesang ist in den Morgenstunden des Mai zu erwarten.
Wenn das Brutgeschäft beginnt flaut die Sangestätigkeit ab und ab Juli singen die meisten Vögel nicht mehr.

■ Unsere Darstellung vereinfacht aber etwas, denn nicht alle Arten singen zur selben Zeit. Wir können ausgesprochene Dämmerungssänger (z. B. Rotkehlchen, Singdrossel) von den Tagessängern (z. B. Zilpzalp) unterscheiden.

■ Das Vogelkonzert ist also sehr vielseitig und klingt je nach Tages- und Jahreszeit ganz verschieden.

nachbarn ein regelrechter Sängerstreit. Im allgemeinen kann gelten, daß im Mai am meisten Vogelarten singen und zwar hier wiederum von Sonnenaufgang bis hinein in die Vormittagsstunden. Über Mittag läßt der Gesang meistens nach, um oft abends wieder aufzuflackern. Einzelne Männchen hören dann zu singen auf, wenn die Jungen geschlüpft sind und gefüttert werden müssen. Nach dem Ausfliegen der Brut und vor dem Beginn einer möglichen Zweitbrut wird der Gesang wieder etwas lebhafter, um dann im Hochsommer allmählich abzuflauen. Oft fangen einige Arten aber im Frühherbst wieder das Singen an. Auch an sonnigen Wintertagen können wir von einzelnen Jahresvögeln (z. B. Meisen, Kleiber, Grünling) Gesang oder zumindest Gesangsbruchstücke hören.
Nestbau, Eiablage, das Ausbrüten der Eier, Füttern und Aufzucht der Jungen folgen nach der Revierbesetzung (s. nächstes Kapitel). Normalerweise fangen die frühesten Arten im März mit Nestbau und Eiablage an. Die eigentliche Brutzeit unserer Vögel reicht etwa von Mitte März bis Ende Juli. Auch hier sind natürlich die Zeiten für die einzelnen Arten recht unterschiedlich und werden vom Zeitpunkt des Eintreffens aus dem Winterquartier, der Länge der Entwicklungszeit der Jungen usw. bestimmt. Wichtig ist, daß die Jungen in der Zeit aus den Eiern schlüpfen, in der für sie geeignete Nahrung in ausreichender Menge zur Verfügung steht. Für eine Reihe von Vogelarten, insbesondere Singvögel, reicht die Zeit aus, um nach dem Selbständigwerden der Jungen noch eine zweite Brut zu beginnen. Wenige Arten, wie z. B. die Amsel in den Gärten, der Haussperling oder der Eisvogel können sogar noch eine dritte Brut anschließen. Aber bei solchen Arten, die nur eine Jahresbrut im Jahr zeitigen, besteht die Möglichkeit, bei frühem Verlust des ersten Geleges noch einmal von vorne mit einem Ersatzgelege zu beginnen. Unterschiedliche Brutzeiten, Zahl der Bruten und die Möglichkeiten von Ersatzbruten bedingen, daß auch in der Brutzeit der Kalender für eine Art in verschiedenen Gebieten nicht genau festgelegt ist. So kann es vorkommen, daß wir von ein und derselben Art in einem Gebiet nebeneinander bereits ausgeflogene Jungvögel, aber auch noch fütternde Altvögel oder sogar Weibchen, die brüten, antreffen.
Aus den genannten Gründen ist für fast alle unserer heimischen Vogelarten Frühjahr und Sommer die eigentliche Brutzeit, denn die Jungen müssen rechtzeitig vor dem Abzug ins Winterquartier oder vor dem Eintritt des Winters voll flugfähig sein. Fichtenkreuzschnabel, Schleiereule oder auch Türkentaube und vor al-

lem die Straßentaube in unseren Städten bieten Beispiele, daß auch im Vorfrühling, Herbst oder sogar manchmal im Winter Bruten begonnen und auch erfolgreich abgeschlossen werden können. Natürlich bestimmt auch das unterschiedliche Wetter in den einzelnen Jahren häufig Beginn und das Ende der eigentlichen Brutzeit.

Federwechsel

Dieser Vorgang ist für den Beobachter in der Regel wenig sichtbar, spielt aber für das Vogelleben eine große Rolle. Mindestens einmal jährlich wird bei den meisten heimischen Arten das komplette Gefieder gewechselt. Diesen Vorgang nennt man Mauser. Die Feder ist ein totes Gebilde, sie kann nicht weiterwachsen. Abgenützte Federn müssen daher ersetzt werden. Meist findet die Mauser im Anschluß an die Brutzeit statt. Da kann nun bei manchen Zugvögeln die Zeit etwas knapp werden, denn für den Abzug ins Winterquartier muß das Gefieder voll flugtüchtig sein. Manche Langstreckenzieher mausern daher teilweise erst im Winterquartier. Bei ihnen wird die Mauser manchmal in zwei oder mehr Abschnitte zerlegt. Während der Mauserzeit sind die Vögel in der Regel am unauffälligsten. Der Körper muß Energie für das neue Federkleid bereitstellen, so daß Gesang und alle unnötigen Ortsbewegungen weitgehend unterbleiben. Manchmal ist auch die Bewegungsfähigkeit des Vogels vorübergehend eingeschränkt. Bei Enten, Bläßhühnern und Tauchern fallen z. B. alle Schwungfedern gleichzeitig aus, so daß diese Vögel vorübergehend flugunfähig werden. Wenn wir also im Hochsommer Enten beobachten, die auch bei einer Gefahr nicht auffliegen können, handelt es sich deshalb keineswegs um verletzte Tiere oder noch flugunfähige Jungvögel, sondern häufig um voll ausgewachsene Alttiere, die ihre Schwungfedern gerade verloren haben. Etwa 3 Wochen dauert es, bis die Flügel den Vogelkörper wieder tragen können. Bei manchen anderen Arten fällt uns auf, daß im Spätsommer und Herbst kaum Männchen im bunten Federkleid zu sehen sind. So sind z. B. die Enten alle schlicht gefärbt, ähnlich wie die Weibchen; auch manche Singvögel tragen einfachere Kleider als im Frühjahr (z. B. Buchfink). Auch das hängt mit der Mauser zusammen. Federn können nämlich ihre Farben nicht einfach wechseln. Auch Federabnutzung kann Farbänderung bedeuten: Die bei uns im Herbst eintreffenden Bergfinken tragen bräunliche Köpfe. Die helleren Federsäume stoßen sich während des Winters ab, so daß die Männchen im Frühjahr dann schwarze Köpfe haben.

Das Vogeljahr

Januar

Nur die echten Überwinterer und Wintergäste sind jetzt anzutreffen. Fast überall ist die Zahl der Vogelarten auf ein Minimum gesunken, doch können wir vor allem bei günstigem Wetter durchaus ein buntes Vogelleben beobachten. Für den Anfänger ist jetzt die Möglichkeit, einige verbreitete Vögel des Kulturlandes ausgiebig kennenzulernen, bevor die vielen Zugvögel zurückkommen. An den Futterstellen im Garten und Park treffen wir vor allem Meisen, Kleiber, Baumläufer und verschiedene Finken. Im Bereich von Städten und Dörfern bleiben uns ferner Amsel und Türkentaube treu. Im Wald oder Park können wir Spechte beobachten und nachts bereits das Balzlied des Waldkauzes hören. In der Feldmark sind Goldammer, Feldsperling, Fasan, Rebhuhn und Mäusebussard regelmäßig anzutreffen. Die Bestände mancher Teilzieher sind jetzt sehr klein geworden. Doch zumindest in milderen Gegenden des Tieflandes kann man fast überall noch einzelne Rotkehlchen, Zaunkönige, Heckenbraunellen oder Turmfalken beobachten. An günstigen Stellen, vor al-

Besonders liebenswerte Gäste an der Futterstelle sind die Meisen: Tannenmeise (oben), Sumpfmeise (Mitte), Blaumeise (unten).

lem im Tiefland Nordwestdeutschlands, können wir regelmäßig Stare, Feldlerchen, Kiebitze und Ringeltauben im Januar antreffen. Dort, wo das Wasser nicht zufriert, ist reiches Wasservogelleben mit zahlreichen Wintergästen zu erwarten; einige Wasservögel kommen auch in die Stadt, so vor allem Stockente, Reiherente, Tafelente, Zwergtaucher, Lachmöwe, Sturmmöwe. Auf großen stehenden Binnengewässern können wir noch zahlreiche weitere Entenarten entdecken, deren Erpel jetzt das Prachtkleid tragen und daher gut zu erkennen sind. Besonders lohnende Beobachtungspunkte im Januar sind Futterstellen (auch am Wasser), Ödflächen mit stehen gebliebenen samentragenden Stauden (sog. Ruderalstellen), Büsche mit Beeren und Früchten (z. B. Hagebutten, Liguster, Weißdorn), samentragende Bäume (z. B. Birken, Erlen), offenes Wasser. Typische Wintergäste und gelegentliche Invasionsvögel sind Bergfink, Birkenzeisig, Seidenschwanz, Berghänfling, Schneeammer, aber auch Zeisig, Wacholderdrossel, Merlin, Rauhfußbussard. Manche von ihnen sind allerdings recht selten und kommen nur in bestimmten Gegenden regelmäßig vor. Besonders reich ist das Vogelleben in Küstennähe. Hier harren noch einige Watvögel den Winter über aus. Wenn wir Glück haben, können wir im Binnenland seltene Meeresenten als Wintergäste sehen, auch eine Reihe von Möwen und schließlich überwinternde Gänsescharen beobachten.

Februar
In der ersten Hälfte ist das Bild meist sehr ähnlich dem Januar, oft werden ja in dieser Zeit noch besonders tiefe Temperaturen erreicht. Aber ab Mitte des Monats machen sich steigende Temperaturen und zunehmende Tageslänge in der Vogelwelt bereits deutlich bemerkbar. Viele Winterflüchter und Kurzstreckenzieher kehren zurück, z. B. Feldlerche, Star, Singdrossel, Bachstelze, Ringeltaube, Kiebitz. Dort, wo zumindest einige dieser Arten auch im Januar überall anzutreffen sind, nehmen die Bestände deutlich zu. Für viele Vogelarten beginnt jetzt schon allmählich die Sangeszeit. An sonnigen Tagen singen nicht nur Kleiber und Meisen, sondern auch bereits Amseln oder die ersten Buchfinken. Frühbrüter, wie z. B. der Waldkauz, sitzen schon auf den Eiern. Wenn der Winter im Februar noch mit Macht herrscht, sind schnee- und eisfreie Stellen, z. B. auf Wiesen und Äckern, lohnende Beobachtungsgebiete. Das Ergebnis von Beobachtungsgängen ist sehr stark vom Wetter abhängig. Erwachende Frühjahrsaktivität der Vogelwelt in einem Park kann tags dar-

Im Spätwinter sammeln sich viele Enten auf den wieder eisfrei gewordenen Gewässern. Auf unserem Bild Tafel-, Reiher- und Stockenten (jeweils Männchen und Weibchen).

auf bei rauhem Nachwinterwetter mit einem Schlag wieder erstorben sein, so daß wir kaum einen Vogel entdecken. Da die Bäume noch nicht belaubt sind, ist vor allem für das Kennenlernen der häufigen Vögel auch der Februar noch ein sehr geeigneter Monat.

März

Die große Unruhe in der Vogelwelt hat begonnen. Jetzt kommen die meisten Kurzstreckenzieher zurück; auch ist nun die Hauptzeit für den Durchzug in nördliche und östliche Gebiete. Die Wintergäste beginnen uns zu verlassen. Alle Zugerscheinungen im März sind, da es sich in erster Linie um Kurzstreckenzieher handelt, sehr stark vom Wetter abhängig, so daß je nach der Witterungsentwicklung geradezu in Schüben neue Zugvögel eintreffen. Ab Mitte des Monats sind auch typische Insektenfresser zu erwarten, wie z. B. Zilpzalp, Hausrotschwanz und gegen Ende des Monats die ersten Rauchschwalben. Mit einem Schlag hat auch das Brutgeschäft begonnen, zunächst meist mit der Revierbesetzung und reger Sangestätigkeit. Grünling, Amsel,

Ringeltaube, Türkentaube und einige andere sitzen auf den Eiern bzw. füttern gegen Ende des Monats schon ihre Jungen. Beobachtungsmöglichkeiten und vor allem die Zahl der Vogelarten haben gegenüber Februar stark zugenommen; immer wieder entdecken wir neues. Im Wald und im Park trommeln die Spechte, überall singen Buchfinken und Amseln, der Ringeltauber zeigt seine merkwürdigen Balzflüge, Meisen inspizieren die Nistkästen und tragen Nistmaterial ein. Über Feldern und Wiesen singen überall die Feldlerchen; Kiebitze führen ihre Flugkapriolen aus, Brachvögel trillern. Am Wasser haben die überwinternden Schwimmvögel noch einmal kräftigen Zuwachs von Winterflüchtern aus milderen Gebieten erhalten. Jetzt können wir auch Knäk- und Löffelente, die einzigen Langstreckenzieher unter unseren heimischen Enten, beobachten. Die Haubentaucher tragen ihre auffallende Halskrause und beginnen mit ihren merkwürdigen Balzspielen. Im Schilf singen bereits die Rohrammern. Im März findet auch der spektakuläre Durchzug des Kranichs über das mittlere Deutschland statt. Nachts können wir Stimmen von ziehenden Drosseln hören. Vor allem in der ersten Hälfte des Monats konzentrieren sich bei Winterrückschlägen mit Schnee und Eis oft erstaunliche Vogelmassen auf engstem Raum, z. B. auf einer schneefreien Wiese, an einer Müllkippe oder am schlammigen Seeufer. Eine der aufregendsten Zeiten des Vogelbeobachters hat jetzt begonnen.

April

Einer der Höhepunkte des Vogeljahres wird in diesem Monat erreicht. Rückkehr und Durchzug der meisten Langstreckenzieher findet statt, so daß wir gegen Ende des Monats fast alle Arten der heimischen Sommervogelwelt bei uns beobachten können. Für die meisten Arten entscheidet sich in diesem Monat auch die Auseinandersetzung um ein geeignetes Brutrevier und den Ehepartner. Revierbesetzung und Sangestätigkeit erreicht einen ersten großen Höhepunkt. Für viele Vogelarten beginnen Nestbau und Eiablage. Gleichzeitig aber verlassen bei den Frühbrütern bereits die Jungen der ersten Brut das Nest. Wir können z. B. schon flügge Amseln, Grünlinge, Waldkäuze und Wasseramseln beobachten. Nur wenn wir bereits gewisse Erfahrung haben, wird es uns möglich sein, die Ankunft aller wichtigen Zugvögel zu registrieren und die vielen neuen Gesänge und Vogelrufe richtig zu deuten. Man müßte jetzt fast jeden Tag an den verschiedensten Stellen gleichzeitig sein. Im April ist aber nicht nur mit der Rückkehr unserer Brutvögel zu

Ein Frühlingsbote, den alle kennen, die wenigsten aber schon einmal gesehen haben: der Kuckuck.

rechnen und mit dem Durchzug der auch bei uns vorkommenden Arten in nördliche und östliche Gebiete. Vielmehr ist jetzt auch die Zeit, in der wir am ehesten seltene Gäste, die wir das ganze Jahr über vergeblich suchen, auf einer kurzen Rast in unserem Beobachtungsgebiet entdecken, wie z. B. Wiedehopf, Blaukehlchen, Ringdrossel, Flußuferläufer und vor allem am Wasser weitere Durchzügler aus der Gruppe der Watvögel, Möwen oder Seeschwalben. Gegen Ende des Monats singen auch bereits die ersten Rohrsänger im Schilf.

Mai

Für das Kennenlernen der Gesänge der wichtigsten Brutvögel ist es jetzt höchste Zeit. In der ersten Hälfte des Monats ist der Chor der Singvögel noch in voller Stärke zu hören, allerdings hat sich der Sangesbeginn parallel zum Sonnenaufgang in die frühen Morgenstunden verschoben. Gleichzeitig erschwert aber die zunehmende Belaubung die Beobachtung von Vögeln in Bäumen und Büschen. Anfang des Monats kommen die letzten Langstreckenzieher bei uns an, z. B. Mauersegler, Pirol, Neuntöter, Grauschnäpper, Sumpfrohrsänger. Bei einigen anderen Arten wird das Auffüllen der Brutreviere abgeschlossen. Auch in der ersten Maihälfte haben wir noch die Möglichkeit, viele kurz bei uns verweilende Durchzügler und seltene Gäste zu entdecken. Beobachtungen lohnen sich in allen Lebensräumen, besonders am Wasser, im Moor, im Park oder im abwechslungsreichen Wald. Ab Mitte des Monats beherrschen bei manchen Arten schon die ausgeflogenen Jungvögel das Bild bei gleichzeitigem Nachlassen der Sangestätigkeit. Typisch ist der heisere Laut der ausgeflogenen Jungstare, die sich auch schon zu ersten Trupps zusammenscharen. Auf den Wiesen um die Feldgehölze entdecken wir flügge Wacholderdrosseln und aus den Parkbüschen hört man überall die durchdringenden Laute junger Amseln und Singdrosseln. Am Wasser führen Stockenten, Bläßhühner und gegen Ende des Monats die ersten Haubentaucher ihre Jungen. Auf den Wiesen sind junge Kiebitze

An das Leben in dem Röhrichtgürtel sind unter den Singvögeln die Rohrsänger am besten angepaßt, da sie sich geschickt an den senkrechten Halmen bewegen können. Sie kommen oft erst im Mai aus ihrem Winterquartier zurück. Der früheste ist der Schilfrohrsänger.

und Brachvögel längst geschlüpft. Die besorgten Eltern warnen die nestflüchtenden Küken vor möglicher Gefahr. An den Nistkästen im Garten können wir jetzt das Füttern bei Meisen und Kleibern gut beobachten. Der erste Höhepunkt der Brutzeit ist im Mai erreicht; wir sollten uns daher möglichst vorsichtig in der freien Natur bewegen und nicht bedenkenlos durch Gehölz, Busch und Ried streifen.

Juni

Etwa ab Mitte des Monats läßt der Gesang ganz allgemein merklich nach. Das Vogelbeobachten in busch- und baumreichen Gebieten wird daher zunehmend schwieriger. Die meisten Vogelarten sind mit der Pflege ihres Nachwuchses beschäftigt. Die ersten verlassen allerdings bereits ihre Brutgebiete, um an günstigen Stellen z. T. schon größere Schwärme zu bilden. Dies gilt für Jungstare, aber auch für Brachvögel und Kiebitze. Der Juni ist in der Regel der Monat mit den wenigsten durchwandernden Gästen. Viele ausgeflogene Jungvögel, die allerdings oft schwierig zu beobachten sind, geben uns Aufschluß, welche Arten in unserem Beobachtungsgebiet erfolgreich gebrütet haben.

Juli

In diesem Monat bricht in der Regel die Gesangspause an, die bei den meisten Arten bis Herbst, ja sogar bis Frühjahr dauert. Besonders an heißen Sommertagen ist es im Vogelleben recht ruhig geworden, was aber keineswegs heißt, daß Beobachtungsgänge in den Morgen- und Abendstunden nicht lohnend sind. Am Wasser und auf den Wiesen und Feldern stellen sich bereits erste Durchzugsgäste ein, die im Wald und Park weniger auffallen, weil jetzt das Laub sehr dicht ist und viele Singvögel sich ganz ruhig verhalten.

So beginnt im Juli bereits der Rückzug hochnordischer Watvögel, der sich vor allem an der Küste, aber auch an geeigneten Stellen des Binnenlandes bemerkbar macht. Die Brutzeit geht allmählich auch bei solchen Arten, die eine Zweitbrut begonnen haben, zu Ende. Am Wasser können wir noch Enten mit Jungen (jetzt vor allem die Reiherente) beobachten; flügge Jungvögel, vor allem bei Insektenfressern werden gefüttert.

August

Mit dem August geht die Brutzeit zu Ende, nur noch bei außergewöhnlichen Spätbruten füttern manche Vogeleltern. Der Gesang hat ganz aufgehört, jetzt ist die große Zeit der Mauser gekommen. So tragen z. B. alle bunt gefärbten Erpel unserer Entenarten das Schlichtkleid; die meisten Enten sind vorübergehend flugunfähig. Die Singvögel verhalten sich ganz still, denn auch bei ihnen findet jetzt der Federwechsel vor dem Abzug ins Winterquartier statt. Gleichzeitig setzt aber auch der Herbstzug voll ein. Für einige Langstreckenzieher bedeutet er sogar den endgültigen Abzug aus Mitteleuropa, wie z. B. Pirol, Mauersegler, Neuntöter, Kuckuck. Vor allem im offenen Land auf Wiesen, in Mooren und am Seeufer ist die Zeit des Sammelns großer Schwärme gekommen. Stare, Schwalben, Möwen, Enten, Kiebitze und andere Watvögel konzentrieren sich bei günstigen Nahrungsangeboten oft in großer Zahl. Beerentragende Sträucher (z. B. Holunder) werden von vielen Singvögeln aufgesucht; auch Insektenfresser, wie Grasmücken, Rotkehlchen und viele Drosseln finden sich bei der Beerenkost ein. Dunkelrot gefärbte Kotflecken verraten uns, wie beliebt Holunderbeeren bei manchen Singvögeln sind.

September

Der Vogelzug hat wieder einen Höhepunkt erreicht und die Zahl der Arten, die wir in einem Gebiet feststellen können, nimmt zu. Allerdings macht die Bestimmung bei manchen Singvögeln (z. B. Laubsängern) Schwierigkeiten, da kaum Gesänge zu hören sind und viele Arten durch Mauser und Schlichtkleid relativ schwer zu bestimmen sind. Die Stockerpel mausern bereits wieder in ihr Prachtkleid und beginnen mit ihren auffallenden Balzspielen. Besonders in den frühen Morgenstunden wimmelt es in Büschen und Bäumen oft von Laubsängern und Grasmücken, die nach langer nächtlicher Wanderung nun zur Rast einfallen. Im Laufe des Monats verlassen uns viele Langstreckenzieher endgültig, wie Mauersegler, Fitis, Waldlaubsänger, Gartengrasmükke, Grauschnäpper, Neuntöter. Große Vogelscharen von Drosseln,

Vögel im Jahreslauf

Im Herbst sind die Hagebutten für die Gimpel eine beliebte Nahrung.

Tauben, Kiebitzen sammeln sich auf umgebrochenen Äckern und im Wiesenland; am Wasser nimmt die Zahl der rastenden und durchziehenden Schwimmvögel gegenüber den Vormonaten stark zu, zumal auch jetzt allmählich der Badebetrieb nachläßt. Gegen Ende des Monats deutet sich mit dem Durchzug vieler Drosseln die zweite Phase des Herbstvogelzuges an. Jetzt, wie auch im Oktober, bieten Sträucher wie Weißdorn und Rotdorn, Heckenrose, Liguster, Pfaffenhütchen, aber auch Ebereschenbäume, Birken, Erlen und Ahorn mitunter schöne Beobachtungsmöglichkeiten für Singvögel der verschiedensten Arten, die sich an Samen und Früchten gütlich tun.

Oktober

Dieser Monat ist der Höhepunkt des Wegzuges der letzten Langstreckenzieher und vieler Kurzstreckenzieher. Vor allem mit Drosseln und einigen anderen Singvögeln kommen noch einmal gewaltige Vogelmassen über unser Land hinweg, deren Zugrufe wir z. T. vom nächtlichen Himmel hören. Besonders charakteristisch sind die Rufe von Singdrossel, Rotdrossel, Amsel und Feldlerche. Mit den Bergfinken und Saatkrähen treffen Wintergäste ein, Möwen und andere Wasservögel kommen allmählich in die Stadt. Draußen auf den großen Seen nehmen die Scharen der Wasservögel gewaltig zu. Der Rückzug der Kraniche ist zu beobachten; vor allem im Tiefland Norddeutschlands treffen die Wildgänse ein. An sonnigen Oktobertagen erreicht der Herbstgesang bei manchen Arten (Rotkehlchen, Zilpzalp, Zaunkönig) wieder einen Höhepunkt.

November

Der nahende Winter kündigt sich mit dem endgültigen Abzug vieler Kurzstreckenzieher und dem Erscheinen weiterer Wintergäste an. Die Zahl der Lachmöwen in den Städten nimmt zu. Jetzt fällt auch das Laub der Bäume, so daß Singvögel wieder etwas auffälliger werden. Verschiedene Meisenarten schließen sich zu einem gemischten Trupp zu-

Starenschwärme sammeln sich im Spätherbst abends auf den Leitungsdrähten, um dann den gemeinsamen Schlafplatz aufzusuchen.

sammen, dem oft noch Kleiber, Gartenbaumläufer oder ein Buntspecht angehören, und zigeunern durch die Gegend. Schwanzmeisen, im Sommer sehr wenig auffällig, bilden jetzt größere, artreine Trupps. Größere Verbände von Rabenkrähen oder Saatkrähen mit Dohlen untermischt, sammeln sich in der Dämmerung, um gemeinsam große Schlafplätze aufzusuchen. Am Wasser können wir im November auch tief im Binnenland mit Kormoranen oder Seetauchern als seltenen Gästen rechnen. Regelmäßiger Wintergast ist auch die Schellente. Die Invasionen des Seidenschwanzes beginnen oft schon im November.

Dezember

Die Wintervogelwelt hat sich im wesentlichen eingestellt, wenn auch noch vor allem am Anfang des Monats verspätete Kurzstreckenzieher

Vögel im Jahreslauf

Seidenschwänze brüten in Skandinavien und sind in Mitteleuropa nur Wintergäste. Doch tauchen sie nicht in jedem Winter auf; manchmal sind sie besonders häufig (Invasionen).

anzutreffen sind und bei mildem Wetter sich noch viele mögliche Winterflüchter aufhalten. Die Zahl der Mäusebussarde auf den Äckern und Wiesen ist noch ziemlich hoch, auch gibt es noch große Trupps Feldlerchen, Stare, Kiebitze oder Wacholderdrosseln, von denen manche allerdings durch zunehmende Winterkälte gegen Ende des Monats noch zum Abzug gezwungen werden. Meist erreicht etwa um die Jahreswende die Zahl der verschiedenen Vogelarten im Beobachtungsgebiet einen Tiefstand. Alte Bekannte vom Winter des vorigen Jahres kommen jetzt wieder ans Futterhaus. Sämereien von Sträuchern und Bäumen werden durch Schwärme von Gimpeln und Zeisigen abgeerntet. Stehengebliebene samentragende Stauden sind Nahrungsplätze von Hänflingen, Stieglitzen und anderen Arten.

Wieviele Arten kann man beobachten?

In den meisten Lebensräumen (Stadtpark s. S. 80/81) ist die Vogelwelt im Mai und Juni am reichhaltigsten. Doch ist besonders zu den Zugzeiten (März–Mai, August bis Oktober) die Chance groß, Gästen zu begegnen, die oft wenige Tage oder gar nur Stunden auf ihren Wanderungen zwischen Brutgebiet und Winterquartier Station machen oder nur rasch durch unser Gesichtsfeld fliegen und dann nicht mehr gesehen werden. Besonders wenig Zeit haben Zugvögel im Frühjahr. Dann lohnen sich auch tägliche Beobachtungsgänge, die nicht selten immer wieder Neuigkeiten versprechen.
Im Winter ist die Zahl der regelmäßig zu beobachtenden Vogelarten am geringsten. Meist erreicht die Artenzahl im Dezember und Januar ein Minimum. Doch dann ist auch die Zeit für manche Wintergäste, die vor allem unter den Wasservögeln eine Rolle spielen. Generell gilt: Von August bis Anfang Mai ist am ehesten mit unregelmäßigen Erscheinungen zu rechnen. Von Mai–Juli ist die Zahl der regelmäßig zu beobachtenden Vogelarten am größten, Ausnahmeerscheinungen sind dann weniger zu erwarten. Die meisten der typischen Sommervögel brüten im Beobachtungsgebiet oder in seiner nächsten Umgebung.
Wieviele Arten man jedoch auf einzelnen Beobachtungsgängen entdeckt, hängt nicht nur von den anwesenden Vögeln ab, sondern auch von den Beobachtungsumständen. In fortgeschrittener Brutzeit sind viele Singvögel oft still und im dichten Laub der Bäume viel schwerer zu erkennen. Wenn man nicht besonders aufmerksam beobachtet oder genaue Ortskenntnis hat, wird also die notierte Artenzahl z. B. an einem Julitag deutlich geringer sein, obwohl noch keine Vogelarten das Gebiet verlassen haben. Auch von der Tageszeit hängt das Beobachtungsergebnis ab. Am ruhigsten sind Vögel in den Mittagsstunden (vgl. Grafik auf S. 66). Das Wetter beeinflußt vor allem zu den Zugzeiten und im Winter das Vorkommen vieler Arten entscheidend, verändert aber auch den Beobachtungserfolg. Starker Wind ist besonders ungünstig, da dann auch die Neigung zu Ortsveränderungen bei vielen Vögeln gering ist und sie daher weniger auffallen.
Bei genauer Ortskenntnis entdeckt man in jedem Gebiet Stellen, an denen zumindest zu bestimmten Jahreszeiten das Vogelleben reichhaltig ist oder besondere Arten zu erwarten sind. Ein buschgesäumter Waldrand oder ein Feldgehölz in der offenen Flur, ein Tümpel oder Bachlauf sind z. B. solche lohnenden Punkte, die der Vogelbeobachter gezielt ansteuern wird.

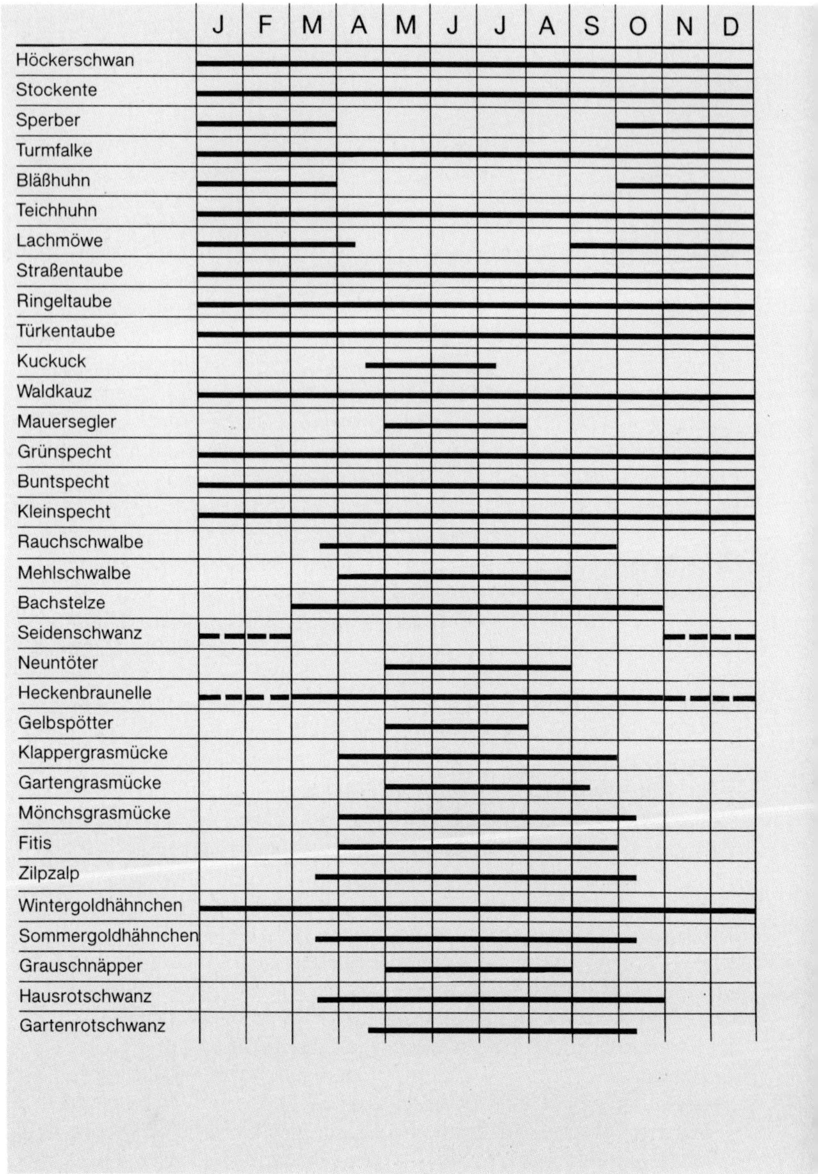

Der Vogelkalender eines Großstadtparkes mit einem Parksee. Das Beispiel führt nur die regelmäßigen Arten auf. 33 Arten kann man demnach als Jahresvögel, 19 als Sommervögel und 8 als Wintergäste bezeichnen.

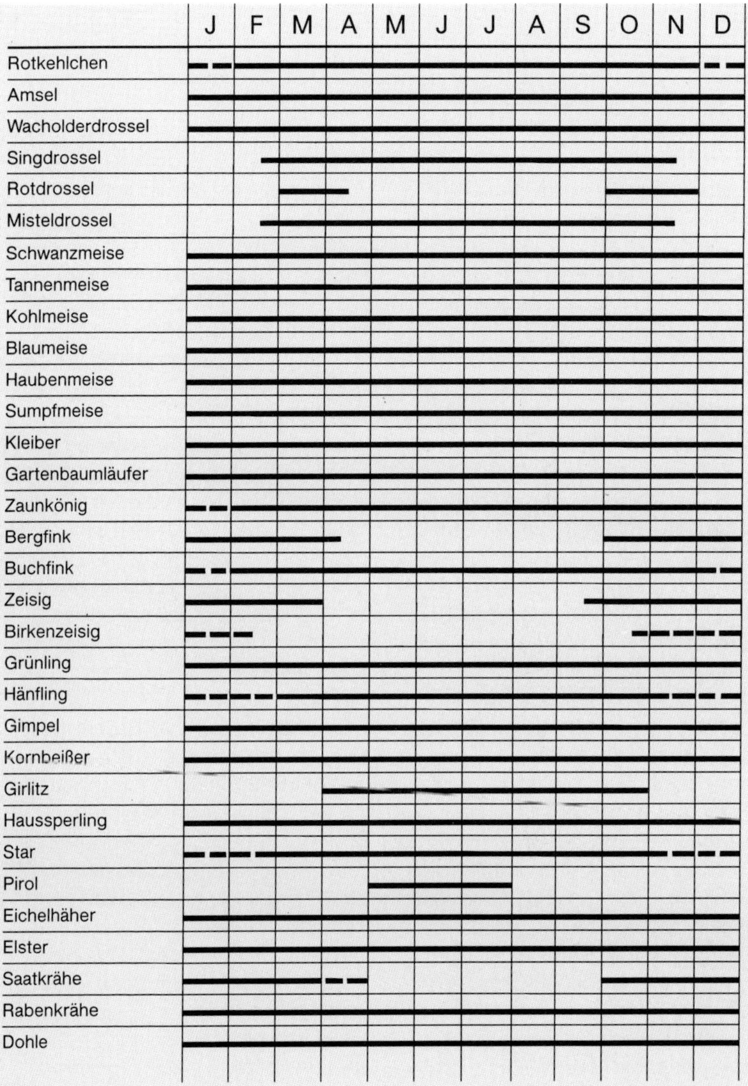

Nur 1 Art, die Rotdrossel, erscheint regelmäßig lediglich zu den Zugzeiten als Durchzugsgast. Die durchbrochene Linie deutet an, daß manche Arten nur unregelmäßig oder in kleiner Zahl zu bestimmten Zeiten anwesend sind.

Nester – Eier – Jungvögel

Beobachtungen in der Nähe von Vogelnestern erfordern besondere Vorsicht, denn Störungen des Brutgeschäftes sind sonst unvermeidlich. Haben wir ein Vogelnest entdeckt, sollten wir unsere Neugier im Zaum halten und uns möglichst wenig in der allernächsten Nestumgebung aufhalten oder gar in das Nest hineinlangen. Besonders empfindlich sind Nester am Boden, in der Krautvegatation oder im niedrigen Gebüsch. Bei ihnen bleibt es meist nicht aus, daß wir bei unserer Annäherung die umgebende Vegatation zerstören oder verändern und damit Gelege oder Brut gefährden. Trampelpfade oder Geruchsspuren können z. B. tierischen Nesträubern den Weg zur Beute erleichtern; Veränderungen der Nestdeckung verringern mitunter den Schutz vor Sicht und Witterungseinflüssen. Systematische Nestkontrolle muß daher eine Sache für verantwortungsbewußte, erfahrene Feldornithologen bleiben und sollte vor allem nicht ohne triftigen wissenschaftlichen oder naturschützerischen Grund stattfinden. Aber auch sogenannte wissenschaftliche Zielsetzung ist keine Entschuldigung für Störung an Nestern besonders gefährdeter Vogelarten!

Trotz dieser Einschränkungen zum Schutze der Natur bleiben uns genug Möglichkeiten, interessante Einblicke in das Brutverhalten der Vögel zu gewinnen. Wir sollten uns sogar in unserem Beobachtungsgebiet darüber informieren, wo die einzelnen Arten ihre Nester bauen und Junge füttern. Gute Möglichkeiten hierzu bietet die Beobachtung von Altvögeln, die Nistmaterial oder später auch Futter für die Jungen eintragen. Vorsichtige Kontrollen bei leicht zugänglichen Nestern schaden nicht. So können wir z. B. in größeren Abständen die Nistkästen im Garten oder Park kontrollieren, indem wir die Vorderwand vorsichtig abheben. Auch wird es jedes Jahr vorkommen, daß wir unbeabsichtigt auf Nester oder Gelege stoßen oder verlassene und zerstörte Nester finden.

Grundsätzlich gilt, daß Brutvögel, Gelege und Jungvögel umso empfindlicher gegenüber Störungen sind, je früher sie im Ablauf des Brutgeschehens eintreten. Dies hat verschiedene Gründe. So nimmt die Bindung der Altvögel an Revier, Nest und Jungen mit fortschreitender Brutzeit bzw. Entwicklung der Jungen zu. Sind die Jungen im Nest etwas herangewachsen, lassen sich die Eltern in der Regel auch durch längere Störung in der Umgebung nicht mehr vertreiben. Eier und kleine Junge sind mitunter sehr empfindlich gegenüber Auskühlung, die bei langer, durch Störung erzwungener Abwesenheit der Eltern eintritt. Zudem müssen wir damit rech-

Am Nistkasten im Garten oder im Park kann man aus sicherer Entfernung das Verhalten der Altvögel mit Jungen im Nest gut beobachten, ohne zu stören. Eine Tannenmeise fliegt mit Futter ein, schlüpft in den Kasten und trägt nach der Fütterung einen Kotballen der Jungen, der in einer dünnen Haut verpackt ist, heraus. So werden Nest und Bruthöhle stets sauber gehalten.

nen, daß zu Beginn der Fortpflanzungsperiode die Tagestemperaturen ohnehin niedriger liegen als später im Jahr.

Nester und Gelege sind oft ausgezeichnet getarnt und hervorragend versteckt. Dieser Schutz gegen Nestfeinde, die mit dem Auge suchen (z. B. Rabenkrähe, Elster, Eichelhäher), kann so perfekt entwickelt sein, daß wir vor allem als noch wenig erfahrene Vogelbeobachter bei einer Suche mitunter buchstäblich auf das Nest treten oder uns ahnungslos in unmittelbarer Nähe des Geleges postieren und damit ebenfalls die Brut gefährden. Dieser Fall ist häufiger als man meinen möchte!

Nicht alles aber, was von uns als Störung empfunden wird, ist auch für das Wohl und Wehe der Vogelbrut entscheidend. Vögel reagieren da manchmal ganz anders als wir Menschen. Erfolgreiche Vogelbruten in lärmenden Werkshallen oder auf einem Fabrikgelände, dicht neben dem tosenden Verkehr oder viel begangenem Weg beweisen, daß Brutvögel oft sehr unangenehme Umweltbelästigungen tolerieren. Es scheint so, als ob sich Vögel an Störungen, die eine gewisse Regelmäßigkeit und Stärke zeigen oder sich in einem bestimmten Rahmen bewegen, nicht selten erstaunlich gut gewöhnen können. Oft führen aber dann kleine Abweichungen von der Norm zu Fluchtreaktionen. Viele am Nestplatz vorbeifahrende lärmende Autos hält das Weibchen auf den Eiern ohne sichtliches Unbehagen aus. Wenn aber ein Auto anhält, der Motor abgestellt wird oder gar eine Person aussteigt, wird das Gelege verlassen. So können einzelne durch das Gebüsch streifende Personen viel mehr Schaden anrichten als z. B. ein dicht nebenan auf dem Acker arbeitender Traktor. Einzelne

Nester – Eier – Jungvögel

Angler, die stundenlang an versteckten Stellen am Ufer stehen und sich ganz ruhig verhalten, können sämtliche brütenden Wasservögel der betreffenden Uferzonen vertreiben. Die Probleme einer naturverbundenen Freizeitbeschäftigung abseits des großen Rummels für unsere Brutvögel werden oft gar nicht richtig erkannt.

Vogelnester

Sie finden sich nahezu überall und auch innerhalb einer Art kann der Ort, an dem das Nest errichtet wird, ganz verschieden sein. Die Gartenamsel bietet ein gutes Beispiel dafür. Ihre Nester sind im Gebüsch und auf halbhohen Bäumen versteckt, aber auch im Efeu an einer Hausmauer, zwischen Balkonblumen, auf einem Zaunpfosten, an einem Grabstein, in einem Holzstoß, auf dem Dachbalken eines Gartenhäuschens usw.

Gebäudebrüter. Relativ viele Vogelarten nisten regelmäßig oder gelegentlich an menschlichen Gebäuden. In erster Linie handelt es sich hier um ehemalige Felsbrüter, wie Mauersegler, Hausrotschwanz,

Nistkästen sind ein willkommener Ersatz für fehlende Naturhöhlen. Drei Beispiele für Bewohner von Holzbetonkästen, die widerstandsfähiger sind als reine Holzkästen: Blaumeise (links), Kleiber (Mitte), Trauerschnäpper (rechts).

Eine Sumpfmeise füttert ihre Brut in einer Naturhöhle. Höhlenreiche Bäume sind im modernen Wirtschaftswald selten geworden.

Straßentaube und in alten Bauwerken, auf Hochbauten oder Kirchtürmen Turmfalke, Schleiereule und Dohle. Dohle, Hausrotschwanz und Turmfalke treffen wir daher auch als Felsbrüter in Steinbrüchen und Felsklippen, die letzteren beiden auch hoch oben in der Felsstufe des Hochgebirges. An Höhlendecken klebten vermutlich ursprünglich die Rauchschwalben ihre Nester, die heute im Inneren der Gebäude auf Vorsprüngen ihre Nester errichten, aber ebenso unter Brücken und an anderen geschützten Stellen. Die Mehlschwalbe bevorzugt dagegen die Außenmauer der Gebäude unter vorspringenden Dächern. Sie ist gelegentlich auch bei uns in Mitteleuropa noch als Felsbrüter anzutreffen. Mauerlöcher, vorspringende Dächer mit tragenden Dachbalken, lockere Dachziegel, Mauervorsprünge, Gebäudeverzierungen aller Art bieten einer erstaunlich großen Zahl von Vogelarten Möglichkeiten zur Nestanlage, die von einigen regelmäßig, von anderen nur ausnahmsweise benutzt werden. In die Reihe der gebäudebrütenden Vögel können wir z. B. Haussperling, Bachstelze, Grauschnäpper, Gartenrotschwanz, Türkentaube, Ringeltaube oder Waldkauz noch einreihen. Ja auch die Kohlmeise brütet gelegentlich in einem Mauerloch.

Höhlenbrüter. Sie besitzen die sichersten Nestplätze, vor Feinden und Wetter geschützt. Manche von ihnen sind in der Lage, die Bruthöhle selbst herzustellen, wie die Spechte in Bäumen, Eisvögel und Uferschwalbe in senkrechten Erdanstichen mit geeigneter Bodenbeschaffenheit. Selbst zarte Singvögel sind Höhlenbauer: Weiden- und Haubenmeise zimmern sich ihre Höhle selbst. Sie benötigen dazu allerdings abgestorbene und mehr oder minder ausgefaulte Bäume. Auch einige Spechte legen ihre Bruthöhle vorzugsweise in alten Bäumen an. Baumhöhlen sind jedoch Mangelware, vor allem im modernen Wirtschaftswald, in dem ein alter Baum mit ausgefaultem Astloch kaum mehr eine Chance hat. Viele Höhlenbrüter, die nicht in der Lage sind, sich ihre Bruthöhle selber zu zimmern, sind auf das Angebot von natürlich entstandenen Höhlen oder verlassenen Spechtlöchern angewiesen. Der Schwarzspecht wird so zum Baumeister für die Hohltaube und den Rauhfußkauz. Der Kleiber mauert große Spechtlöcher auf ein für seine Körpergröße passendes Maß zu, um größere Konkurrenten abzuhalten. Ferner interessieren sich Star, Kohl-, Blau-, Tannen-, Sumpfmeise, Trauerfliegenschnäpper, aber auch Dohle, Waldkauz und Sperlingskauz für das knappe Angebot an Höhlen. Daneben gibt es noch eine ganze Reihe von Vogelarten, die zwar nicht in einer geschlossenen Höhle brüten, aber doch eine ausgefaulte Nische oder sogenannte Halbhöhle bevorzugen, wie z. B. Grauschnäpper und Gartenrotschwanz. Mit Erfolg kann man das knapp gewordene Höhlenangebot in Wald, Park und Garten durch das Aufhängen geeigneter Nistkästen verbessern (s. Kapitel Vogelschutz). Auf diese Weise können wir auch das Brutgeschäft vieler Höhlenbrüter, allen voran der Meisen, des Trauerschnäppers oder auch des Kleibers im Garten an den Nistgeräten sehr gut beobachten.

Freibrüter. In der Regel viel gefährdeter sind Nester und Gelege von Freibrütern. In Park, Garten und Wald verstecken am oder knapp über dem Boden in der Vegetation vor allem Laubsänger, Rotkehlchen, Nachtigall oder Zaunkönig ihre Nester. Das Stockwerk darüber im niedrigen Gebüsch bis hin zum Jungwuchs der Bäume ist vor allem den Grasmücken und der Heckenbraunelle vorbehalten. Hohe Sträucher und junge Bäume sind bevorzugte Neststandorte von Singdrossel, Stieglitz, Eichelhäher, Elster oder auch Schwanzmeise, während meist hoch in den Bäumen die Nester des Buchfinken, der Rabenkrähe und im Wald von Habicht und Sperber anzutreffen sind.

Bodenbrüter. In der offenen Feldmark, auf Wiesen, Äckern und im Moor dominieren zunächst einmal die typischen Bodenbrüter. Ganz auf die Tarnung ihres Geleges verlassen sich Kiebitz und Brachvogel auf Wiesen, und der Flußregenpfeifer auf Kiesbänken. Ihr Nest besteht nur aus einer flachen, kaum aus-

gelegten Mulde, die Eier sind in ihrer Färbung dem Untergrund weitgehend angepaßt. Auf bessere Nestdeckung sind Fasan und Rebhuhn angewiesen, die häufig in der Nähe von Hecken ihre Nester anlegen. Ausgezeichnet in der bodennahen Vegetation versteckt sind z. B. die Nester von Feldlerche, Baumpieper, Wiesenpieper oder Schafstelze. In Feldhecken, Gebüschgruppen und im Unterwuchs der Feldgehölze treffen wir vor allem Goldammer, Grauammer, Dorngrasmücke, Klappergrasmücke und Neuntöter als typische Brutvögel an. Höhere Stockwerke einzelstehender Bäume oder Gehölze bevorzugen z. B. Ringeltaube, Elster, Rabenkrähe.
An den Ufern der Gewässer konzentrieren sich ebenfalls Nester von Bodenbrütern oder Vögeln, die dichte Vegetation als Nestversteck ausnützen. Typische Bodennester bauen die Enten, oft bereits im Wasser stehen die Nester der Bläßhühner, während unsere einheimischen

Nester sind oft gut versteckt: Ein Feldlerchennest am Boden im Altgras (oben); ein Bläßhuhnnest am Ufer eines Altwassers (Mitte); ein Stockentennest im dichten, vom Schnee zusammengedrückten vorjährigen Schilf (unten).

Saatkrähen beziehen ihre Brutkolonie schon im Vorfrühling, wenn die Bäume noch blattlos sind.

Lappentaucher ihr Schwimmnest an Wasserpflanzen verankern. Die Rohrammer versteckt ihr Nest kunstvoll in den Riedbeständen. Einen besonderen Anpassungstyp stellen die Nester der Rohrsänger dar, die um senkrechte Pflanzenhalme geflochten werden. Eine derartige Konstruktion ist nur im Schilfgürtel der Gewässer, aber auch in schnellwachsenden hohen Brennnesselstauden oder im Getreidefeld möglich.

Nestkolonien. Die Vogelnester stehen in der Regel einzeln mehr oder minder für sich in Revieren. Eine ganze Anzahl einheimischer Vögel aber rückt mit ihren Nestern dicht zusammen, so daß regelrechte Kolonien entstehen, wie z. B. bei den Möwen und Seeschwalben in Wassernähe oder auf Meeresinseln, bei Graureihern, Kormoranen auf hohen Bäumen, bei der Wacholderdrossel in kleinen Gehölzen. Auch unser sehr gern in größeren Verbänden lebender Haussperling bildet manchmal regelrechte Kolonien und die Mehlschwalbe neigt im Gegensatz zur Rauchschwalbe dazu, Nester dicht bei dicht anzulegen. Für die weit herumjagenden Schwalben ergeben sich ja ohnehin in der unmittelbaren Nestumgebung keine Ernährungsprobleme. So sind also Reviere unnötig geworden. Auch die Graureiher fliegen weit weg von ihren Kolonien an geeignete Fischgewässer und die Wacholderdrosseln suchen gemeinsam die das Feldgehölz umgebende Bodenfläche der Feldmark ab. Koloniebrüten bietet u. U. einen recht guten Schutz vor Feinden, da sich die einzelnen Paare gegenseitig warnen können.

Nestkonstruktionen. Hier werden von unseren Vögeln die verschiedensten Möglichkeiten genutzt. Von den Höhlenbrütern sprachen wir schon. Manche von ihnen legen die Höhle noch etwas mit Nistmate-

rial aus, andere wie z. B. die Spechte, tragen keine Polsterung mehr ein. Kunstvolle Nestkugeln, die Höhlen gleich kommen, fertigen Zaunkönig, Schwanzmeise oder die bei uns seltene Beutelmeise. Am häufigsten finden wir bei Freibrütern ein mehr oder minder napfförmiges Nest aus den verschiedensten Baumaterialien. Die Außenkonstruktion besteht meist aus gröberen Bestandteilen, wie kleinen Ästen, Zweigen, Reisern, aber auch Grashalmen und anderen Pflanzenstengeln, die Innenauspolsterung kann feine Hälmchen, Moos, aber auch eingetragene Federn enthalten. Entenweibchen betten ihre Eier in eigene Körperdunen; Singdrosseln streichen die Innenschicht des Nestes sorgfältig mit Lehm oder Erde aus. Bei Schwalben besteht das ganze Nest aus zusammengeklebten Lehmklümpchen. Manchmal ist das Nest nur eine einfache

Das Nest der Singdrossel ist mit feuchter Erde und Holzmulm glatt ausgestrichen (links). Die nahe verwandte Amsel verzichtet auf diese »Tapete« und polstert ihr Nest mit feinen Halmen (rechts), wie es viele unserer heimischen Singvögel tun.

Ein Künstler im Nestbau ist die Beutelmeise, die in Mitteleuropa selten brütet, aber in Südeuropa weit verbreitet ist. Ebenfalls kunstvolle Kugelnester bauen Schwanzmeise (s. S. 162) oder Zaunkönig.

Nester – Eier – Jungvögel

Plattform auf dem die Eier liegen. Bei Tauben besteht sie aus Reisern, die scheinbar ganz unordentlich zusammengelegt wurden. Große Nestburgen der Greifvögel, Störche und Reiher, die oft mehrere Jahre hintereinander benutzt werden, nennt man Horste.
Nicht alle Vögel bauen selbst Nester. Ein Sonderfall ist der Kuckuck, der jeweils ein Ei in ein Singvogelnest schmuggelt und auch die ganze Jungenaufzucht den unfreiwilligen Pflegeeltern überläßt. Rohrsänger, Bachstelze, Rotschwanz, Wiesenpieper, Rotkehlchen und einige andere Singvögel sind vom Kuckuck bevorzugte Pflegeeltern. Gelegentlich kommt es vor, daß um die Auseinandersetzung einer Bruthöhle der Stärkere den Schwächeren verdrängt und z. B. begonnene Meisengelege von Star oder Wendehals einfach überbaut bzw. Nester nach dem Herauswerfen der Eier des Vorbesitzers in Beschlag genommen werden. Die meisten Vögel bauen jedes Jahr ein neues Nest. Greifvögel, Störche und Reiher bessern das vorherige Nest oft aus; so entstehen im Laufe der Jahre mitunter riesige Horste. Die meisten Bodenbrüter, wie Enten, Hühner, Watvögel und Seeschwalben scharren mit den Beinen oder drehen mit dem Körper eine flache Mulde in den Untergrund, die je nach Art mehr oder minder umfangreich dann noch mit Nestmaterial ausgekleidet wird. Überhaupt keine Nester bauen z. B. Eulen und die Falken. Soweit sie nicht als Felsenbrüter auf Felsbändern oder in Mauerlöchern ihr Gelege zeitigen, sind sie auf verlassene Nester anderer Arten angewiesen. Turmfalken, Waldohreulen und Baumfalken legen ihre Eier z. B. häufig in alte Krähen- und Elsternester.
Wir können also bestimmte Nesttypen unterscheiden. Nicht immer aber ist es ganz einfach, bei einem verlassenen Nest die Artzugehörigkeit zu bestimmen, da je nach den örtlichen Gegebenheiten verschiedene Baumaterialien oder Konstruktionen bevorzugt werden.

Eier

Die **Eiablage** beginnt in der Regel nach Fertigstellung des Nestes; manche Arten bauen jedoch später

Vogeleier haben oft charakteristische Färbung. Von links oben nach rechts unten: Eier von Bodenbrütern in offenen Nestern sind oft tarnfarbig (Kiebitz, Lachmöwe); das etwas größere Ei des Kuckucks ist in der Farbe den Eiern des Gartenrotschwanzes angepaßt (je nach Wirtsvogelart legen einzelne Kuckucksweibchen bestimmte Eitypen, z. B. Rohrsänger- oder Bachstelzeneier, die im Unterschied zum abgebildeten Ei gefleckt sind); Bachstelzengelege; Gelege von Gimpel und Goldammer.

Nester – Eier – Jungvögel

noch etwas weiter. Kleinere Vögel, wie alle unsere Singvögel, legen ein Ei pro Tag; bei größeren ist der Legeabstand etwas größer, oft wird nur jeden zweiten Tag ein Ei gelegt. Die in einem Nest liegenden Eier bezeichnet man als Gelege. Die Gelegegröße ist bei den einzelnen Arten unterschiedlich, kann aber auch innerhalb einer Art sehr stark schwanken. Oft haben spätere Bruten oder Zweitbruten eine geringere Gelegegröße als Erstbruten.
Farbe, Form und Größe der Eier können sehr unterschiedlich sein. Allerdings lassen sich die Eier sehr nah verwandter Arten oft kaum voneinander unterscheiden. Weiße Eier haben z. B. viele Höhlenbrüter. Eine Tarnung ist im Dunkel der Höhle nicht notwendig. Für Bodenbrüter, die häufig ihr Nest sehr offen anlegen, ist die Tarnfarbe für die Eier aber unter Umständen sehr wichtig. Brachvogel, Kiebitz, aber auch Möwen, Seeschwalben und Regenpfeifer legen ausgezeichnet getarnte Eier, die oft mit dem Boden geradezu verschmelzen. Auch die Zeichnung mancher Singvogeleier, wie bei Baumpieper, Feldlerche, Nachtigall und Rotkehlchen kann man als Tarnfarbe auffassen. Recht verbreitet ist bei unseren Brutvögeln auch Türkis oder Blaugrün als Grundfarbe, z. B. bei Drosseln, Gartenrotschwanz, Braunkehlchen, Krähenvögeln und Graureiher.

Die Bebrütung der Eier beginnt meist nach der Ablage des letzten Eies, so daß die Jungvögel eines Nestes häufig innerhalb eines kurzen Zeitraumes von 1 oder 2 Tagen schlüpfen. Bei Eulen und Greifvögeln wird diese Regel jedoch oft durchbrochen. Hier gibt es nicht nur Legeabstände von 2 Tagen und mehr zwischen den einzelnen Eiern. Die Bebrütung setzt vielmehr schon vor Ablage des letzten Eies ein, so daß die ersten Jungen oft mehrere Tage vor dem letzten eines Geleges schlüpfen. Wir finden dann in einem Nest verschieden alte Junge, von halbherangewachsen bis zum Nesthäkchen. Aber auch bei manchen Singvogelarten stellen sich während der Entwicklungszeit vor allem bei knappem Futterangebot und ungünstigem Wetter Unterschiede im Entwicklungstempo ein, so daß wir gelegentlich ein oder mehrere zurückgebliebene Junge (z. B. bei den relativ großen Bruten der Meisen) entdecken. Die Überlebensaussichten solcher Nesthäkchen sind meist recht gering.
Die Bebrütung der Eier besorgt entweder das Weibchen allein (z. B. bei Enten) oder beide Partner wechseln sich ab; häufig ist aber dann das Weibchen der ausgiebiger brütende Partner. Für den Vogelbeobachter ist die Kenntnis der Brutdauer, aber auch die Länge der Zeit, in der die Jungen im Nest von den Altvögeln

betreut werden, wichtig. Auf diese Weise kann man sich nämlich bei Beobachtung nestbauender oder fütternder Vögel ungefähr ausrechnen, wann man wieder nachsehen muß, um festzustellen, ob die Brut glücklich ausgeflogen ist oder nicht. Bei frischflüggen Jungvögeln kann man auch zurückrechnen, wann etwa die Altvögel mit dem Nestbau oder dem Brüten begonnen haben müssen. Die wichtigsten Daten einiger häufiger Brutvögel stellt daher unsere Übersicht S. 92/93 zusammen. Wir müssen allerdings bedenken, daß solche Zahlen nur ungefähre Richtwerte bedeuten können, denn vor allem die Nestlingszeit bzw. das Entwicklungstempo der Jungen kann in Einzelfällen von der

Der Wendehals, ein Verwandter der Spechte, trägt kein Polstermaterial in den Nistkasten; auch die Eischalen sind nicht entfernt worden. Viele Höhlenbrüter legen weiße Eier. Die Jungen sind wenige Tage alt und als typische Nesthocker blind und nackt.

Junge Baumpieper in ihrem Bodennest kurz vor dem Ausfliegen.

Nester – Eier – Jungvögel

Übersicht über Gelegegröße, Brutdauer und Jungenaufzucht einiger häufiger Vogelarten

Um auszurechnen, wieviel Tage ein Nest gebraucht wird, müssen wir Brutdauer und Nestlingszeit (Spalte 3 + 4) addieren. Hinzu kommt die Zeit des Eierlegens: Größere Vögel legen meist jeden 2. Tag ein Ei, kleinere jeden Tag.

Verbringen die Jungen den größten Teil bis zum Flüggewerden im Nest, sprechen wir von Nesthockern (vergleiche Spalte 4 und 5). Nestflüchter sind solche Arten, bei denen die Jungen nur sehr kurz im Nest bleiben (Taucher, Enten, Hühner, Watvögel, Rallen).

Alle Zahlen sind nur ungefähre Angaben; sie können unter besonderen Umständen von den durchschnittlichen Werten abweichen.

Vogelart	Zahl der Eier (Gelegegröße)	Wie viele Tage wird gebrütet?	Wie viele Tage bleiben die Jungen im Nest?	Mit wieviel Tagen sind die Jungen gut flugfähig?
(1)	(2)	(3)	(4)	(5)
Haubentaucher	4	25–29	bis 1	mind. 42
Zwergtaucher	4– 6	19–25	bis 1	42
Graureiher	3– 5	25–28	50–55	50–55
Weißstorch	3– 5	31–34	53–55	53–55
Höckerschwan	5– 7	34–38	1– 2	mind. 115
Stockente	7–11	26–29	1– 2	mind. 50
Mäusebussard	2– 4	33–35	40–50	40–50
Turmfalke	4– 6	27–31	30–40	30–40
Rebhuhn	8–12	24–25	bis 1	mind. 14
Fasan	8–12	ca. 24	bis 1	10–12
Teichhuhn	5–11	19–22	3– 5	ca. 35
Bläßhuhn	5–10	21–24	3– 5	ca. 45–55
Kiebitz	4	24–29	bis 1	30–33
Brachvogel	4	26–30	bis 1	35–40
Lachmöwe	3	22–24	3– 5	35–40
Ringeltaube	2	15–17	30–35	30–35
Türkentaube	2	14	18–20	ca. 20
Waldohreule	4– 7	27–30	ca. 20	30–35

Vogelart	Zahl der Eier (Gelegegröße)	Wie viele Tage wird gebrütet?	Wie viele Tage bleiben die Jungen im Nest?	Mit wieviel Tagen sind die Jungen gut flugfähig?
(1)	(2)	(3)	(4)	(5)
Waldkauz	2– 5	28–30	30–55	45–50
Mauersegler	2	18–20	40–55	40–55
Buntsprecht	4– 7	12–13	18–21	18–21
Grünspecht	5– 7	15–17	18–21	18–21
Feldlerche	3– 5	11–14	9–10	15–20
Rauchschwalbe	4– 5	14–16	20–24	20–24
Mehlschwalbe	4– 5	14–15	20–30	20–30
Bachstelze	5– 6	12–14	13–16	13–16
Neuntöter	4– 6	14–16	ca. 15	ca. 15–20
Heckenbraunelle	4– 5	12–14	12–14	ca. 15
Teichrohrsänger	4– 5	11–12	11–13	ca. 13
Mönchsgrasmücke	4– 6	12–14	10–14	ca. 14
Zilpzalp	5– 6	13–14	12–15	ca. 15
Grauschnäpper	4– 5	12–14	12–14	ca. 15
Hausrotschwanz	5– 6	12–14	12–17	ca. 15–20
Gartenrotschwanz	5– 7	13–14	12–15	ca. 15–20
Rotkehlchen	5– 6	13–15	12–15	ca. 15–20
Amsel	4– 6	13–15	13–14	ca. 15–20
Singdrossel	4– 6	12–14	12–16	ca. 15–20
Kohlmeise	8–10	13–15	15–22	ca. 20–25
Blaumeise	9–13	13–15	17–20	ca. 20–25
Kleiber	5– 8	14–18	23–25	23–25
Zaunkönig	5– 8	14–16	15–17	ca. 15–20
Goldammer	3– 5	12–14	12–14	ca. 16–18
Stieglitz	4– 6	12–14	13–15	18–20
Buchfink	4– 6	12–14	12–15	ca. 15
Grünling	5– 6	13–14	13–16	ca. 18–20
Gimpel	4– 5	12–14	12–16	18–20
Haussperling	4– 6	13–14	17–18	ca. 18–20
Pirol	3– 5	14–15	13–20	20–25
Star	4– 6	13–15	20–22	ca. 20–22
Elster	5– 7	17–18	22–25	22–25
Rabenkrähe	4– 6	18–20	28–35	28–35

Nester – Eier – Jungvögel

Norm abweichen. Sie hängt in erster Linie vom Nahrungsangebot und von der Witterungslage ab. Im allgemeinen brüten große Vögel länger und haben eine viel längere Nestlingszeit als kleine Vögel. Besonders kurz ist die Brut- und Nestlingszeit bei vielen unserer Singvögel.

Jungenentwicklung

Ein Blick auf die Übersicht zeigt auch, daß wir in der Jungenentwicklung zwei wichtige Gruppen unterscheiden können. Da sind einmal die **Nesthocker.** Wir verstehen darunter solche Vögel, die meist blind und unbefiedert schlüpfen, in den ersten Lebenstagen von den Altvögeln gewärmt werden und vor allem die gesamte Entwicklungszeit hindurch gefüttert werden müssen.
Im Gegensatz dazu schlüpfen typische **Nestflüchter** meist mit einem mehr oder minder vollständig entwickelten Dunenkleid, das den kleinen Körper vor allzu großem Wärmeverlust schützt. Meist schon

Begegnung in einer stillen Bucht abseits vom Badebetrieb: Von rechts kommt eine Tafelente mit 11 zehn- bis vierzehntägigen Jungen, von links eine Reiherente mit etwa drei- bis vierwöchigen Jungen. Bei den Enten führen nur die Weibchen ihre Jungen; die Erpel haben die Familie verlassen und mausern bereits.

nach wenigen Stunden können typische Nestflüchter das Nest laufend oder schwimmend verlassen. Die meisten von ihnen kehren dann auch nicht mehr zum Nest zurück. Bei jungen Hühnervögeln und Enten sind die Jungen schon nach wenigen Stunden in der Lage, selbst Nahrung aufzupicken. Dem Weibchen obliegt im wesentlichen die Betreuung der Jungenschar, vor allem Warnung vor Feinden, das Hinführen zu geeigneten Nahrungsplätzen usw. Andere Nestflüchter wie z. B. Möwen, Bläßhühner und Haubentaucher werden in den ersten Tagen von den Altvögeln auf ihren kleinen Ausflügen noch gefüttert, ehe sie dann selbständig Nahrung aufnehmen können. Meist dauert es relativ lange, bis Nestflüchter fliegen können. Die Hühner bilden auch hier eine Ausnahme: Die Schwungfedern wachsen den Küken sehr viel schneller als das übrige Gefieder, so daß z. B. schon knapp halbwüchsige Rebhühner sich durch eine kurze Flugstrecke bei Gefahr in Sicherheit bringen können.
Aber auch viele Junge der Nesthokker verlassen das Nest schon, bevor sie richtig flugfähig sind. Dunenjunge der Eulen sitzen in Nestumgebung auf den Ästen der Bäume und Büsche (»Ästlinge«) und kommen dabei auch oft auf den Boden.
Sogenannte Findelkinder. Manche jungen Singvögel verlassen mit noch nicht vollständig ausgewachsenen Schwanz- und Schwungfedern das Nest und werden noch mindestens eine Woche oder länger von den Altvögeln betreut und gefüttert. Sie sitzen meistens im niedrigen Gebüsch oder auf dem Boden. Mit fortgeschrittener Brutzeit müssen wir damit rechnen, daß wir noch viele relativ hilflose Vögel außerhalb des Nestes in Garten, Park, Wald, Feld und Flur finden. Die meisten dieser Jungvögel sind also nicht, wie Tierfreunde oft glauben, vorzeitig aus dem Nest gefallen und müssen mit nach Hause genommen werden. Im Gegenteil: Wir sollten solche Jungvögel möglichst in Ruhe lassen. Ihr aufdringliches Schreien ist für die Altvögel ein wichtiges Signal, die versteckt sitzenden, hungrigen Schnäbel auch sicher zu finden. Manchmal kommt es freilich vor, daß sich eine vorwitzige junge Amsel oder Singdrossel ausgerechnet auf einen vielbegangenen Weg oder auf eine Straße setzt oder in einen leeren Swimmingpool gerät und sich aus diesem Gefängnis nicht mehr befreien kann. Wir dürfen solche Jungvögel ohne weiteres vorsichtig anfassen und sie in nächster Nähe an eine sichere Stelle unter einen Busch setzen. Wenn wir uns dann möglichst schnell wieder entfernen, so daß Ruhe einkehrt, füttern die Altvögel problemlos weiter. Auf keinen Fall ist es ratsam, schein-

Wie diese junge Wacholderdrossel verlassen viele junge Singvögel das Nest bevor die Schwung- und Schwanzfedern voll ausgewachsen sind. Noch nicht voll flugfähige Junge werden oft noch längere Zeit von den Eltern auch außerhalb des Nestes betreut und sind nicht etwa vorzeitig aus dem Nest gefallen.

bar hilflose und verlassene Jungvögel mit nach Hause zu nehmen. Nur wirklich erfahrene und kundige Vogelpfleger sind in der Lage, solche »Findelkinder« artgemäß zu pflegen, aber auch dann nur, wenn sie sehr viel Zeit übrig haben. Abgesehen davon dürfen wir nach dem Naturschutz- und Jagdgesetz – von ganz wenigen Ausnahmen abgesehen – freilebende Vögel nicht ohne Grund der Natur entnehmen.

Beobachtungen in der Nähe eines Brutplatzes. Viele Anzeichen verraten uns, ob wir in der Nähe eines Brutplatzes stehen. Ein Tag für Tag am selben Platz singendes Vogelmännchen zeigt an, daß es hier sein Revier besetzt hat. Das gleiche gilt für kämpferische Auseinandersetzungen zwischen Artgenossen oder auffälligen Balz- und Schauflügen, wie z. B. beim Kiebitz. Vögel mit Zweigen, Halmen, Moos oder Federn im Schnabel sind mit Sicherheit irgendwo mit dem Nestbau beschäftigt. Noch leichter ist es, Vögel beim Füttern zu beobachten, denn die Fütterungsperiode dauert meist sehr viel länger als die Bauzeit des Nestes. Häufig pendeln fütternde Altvögel zumindest über mehrere Stunden zwischen bestimmten Nahrungsquellen und dem Nest auf mehr oder minder gleichen Routen hin und her. Sind die Jungen herangewachsen, verraten sie oft durch ihre hohen durchdringenden Stimmen den Nestplatz oder das Versteck. Herangewachsene junge Buntspechte lärmen z. B. in ihrer Höhle so laut, daß man sie schon von weitem hören kann. Bei Amseln oder Drosseln kann man sogar jede einzelne Fütterung akustisch wahrnehmen; ähnlich auch im Staren- oder Meisenkasten, wenn die durchdringenden Bettellaute der heranwachsenden Jungen deutlich auch über größere Entfernung zu hören sind. Ästlinge der Waldohreule fiepen in gleichbleibenden Abständen die ganze Nacht hindurch. Auch weniger auffällige Anzeichen geben uns Hinweise auf die Nähe eines Nestes, z. B. ein dauernd um uns herumsitzender warnender Altvogel. Kiebitze warnen von der Luft aus ihre Küken vor Eindringlingen und auch der Brachvogel verfügt über einen eigenen Kükenwarnruf. Manche Vögel greifen selbst menschliche Störenfriede heftig an, z. B. Seeschwalben, die dem Eindringling auch mit gezielten Kotspritzern zu schaffen machen. Der weltbekannte englische Vogelfotograf Eric Hosking verlor durch die Attacke eines Waldkauzes an der Bruthöhle ein Auge. Selten freilich sind Vogelattacken am Nest so heftig und gefährlich; oft handelt es sich auch nur um Scheinangriffe, oder darum, daß erregte Altvögel im Nest vor uns nicht flüchten, sondern ständig um den menschlichen Störenfried herumflattern.

Auch das scheinbar mühsame Auffliegen vom Boden vor unseren

Junger Waldkauz. (Ästling, der das Nest im Daunenkleid verlassen hat.)

Im Jugendkleid kurz nach Verlassen des Nestes hat das Rotkehlchen keine rote Kehle. Viele Jugendkleider unserer Singvögel bilden besondere Bestimmungsprobleme.

Schritten ist ein Hinweis auf ein verstecktes Nest. Entenmütter und Regenpfeifer verleiten oft, d. h. sie stellen sich lahm bzw. verletzt und schwimmen und laufen sogar auf uns zu, um uns gewissermaßen vom Nest oder den Jungen wegzulokken. Bodenbrütende Singvögel wie Rohrammer, Pieper oder Lerchen flattern scheinbar unbeholfen vom Nest auf, um den Störenfried zu irritieren.

Flügge Junge. Wenn die Jungen das Nest verlassen haben oder bei den Nestflüchtern schon fast erwachsen sind, halten die Familien oft noch zusammen. Allerdings können sie sich dann mit ihren flüggen Jungen schon weiter vom Brutplatz entfernt haben, so daß die Beobachtung von flüggen Jungvögeln mit den Eltern nicht immer darauf hindeutet, daß sie an diesem Ort auch erbrütet worden sind. Die Familienauflösung findet bei den einzelnen Arten zu ganz verschiedenen Zeitpunkten statt. Bei solchen, die noch eine zweite Brut anschließen, geht sie natürlich ziemlich rasch vor sich. Andererseits halten z. B. bei den Schwänen die Familien noch bis in den Winter hinein zusammen; doch solche feste Familienverbände sind unter unseren heimischen Vögeln die Ausnahme.

Meist verlassen die selbständig gewordenen Jungvögel bald ihren Geburtsort, um sich auf ein größeres Gebiet zu verteilen. Oft bilden sich auch größere Jungvögelschwärme, die z. B. bei den Staren oder Kiebitzen besonders auffällig sind.

Vogelbeobachter tun gut daran, ab und zu ihren Blick auch auf den Boden zu richten, denn viele Spuren verraten uns etwas von Lebensäußerungen der Vögel, die normalerweise verborgen bleiben. Allerdings spielen im Gegensatz zu der Beobachtung von Säugetieren Trittspuren in der Regel bei Vögeln keine solch entscheidende Rolle, um die Anwesenheit bestimmter Vogelarten zu sichern. Wohl können wir im weichen, feuchten Schlamm die Tritte von Schwan, Stockente, Teichhuhn, Bläßhuhn, Reiher, Regenpfeifer gut erkennen, oder z. B. im frisch gefallenen Schnee Laufspuren von Rebhuhn, Fasan oder Krähe. Aber in den meisten Fällen verraten uns Sichtbeobachtungen meist sehr viel eher und eindeutiger die Anwesenheit der betreffenden Arten. Auch sind Spuren nahe verwandter Arten sehr ähnlich und schwer oder nicht sicher voneinander zu unterscheiden, z. B. die Tritte verschiedener Wasserläufer, Enten oder Rabenvögel. Da Vögel meist leichter zu sehen sind als z. T. dämmerungs- und nachtaktive Säugetiere, hat das »Lesen« von Fußabdrücken in der Vogelkunde bisher keine große Rolle gespielt.

Spuren als »Visitenkarte«

Für spezielle Untersuchungen oder einige versteckt lebende Arten sind allerdings Spuren am Boden ebenso wichtige Hinweise wie z. B. für das Aufspüren von Fuchs und Marder. So kann man bei Spuren von Bodenvögeln der Frage nachgehen, wo bevorzugt Nahrung gesucht wird, oder wo die Ruhe- und Übernachtungsplätze liegen. Bei sehr versteckt lebenden Arten, die wir tagsüber auf unseren Beobachtungsgängen kaum zu Gesicht bekommen, geben Spuren oft die einzigen sicheren Hinweise auf ihre Anwesenheit. Zu den Glücksfällen zählt es z. B., Haselhuhn, Auerhuhn oder Birkhuhn tagsüber aufzuspüren; durch die typischen Kothäufchen (Losung), Fußtritte im Schnee oder die flachen Mulden, die nach dem Sandbaden auf dem Waldweg zurückbleiben, können wir aber sicher auf die Anwesenheit solcher Arten schließen. Weiße Kotspritzer an der Felswand oder am Waldboden unter einem Horst geben uns Hinweise darauf, ob die betreffenden Brutplätze frisch besetzt sind. Kotanhäufungen unter Bäumen ohne entsprechende Nestfunde deuten auf Schlafbäume bestimmter Arten hin. Viele kleine Kotreste in einem leeren Nistkasten im Winter zeigen an, daß dieser Kasten als Schlafplatz (z. B. von Meisen) regelmäßig benutzt wird.

Oft können uns frische Spuren wichtige Hinweise für lohnende Beobachtungsziele geben. Ist der

Einige typische Trittspuren größerer Vögel

Schnee unter einer Birke oder Erle übersät mit vielen kleinen Schuppen der Samenstände dieser Bäume, dürfen wir vermuten, daß Zeisige, Birkenzeisige oder einige andere Singvögel regelmäßig erscheinen; Zapfenschuppen unter einer Fichte können auf Fichtenkreuzschnäbel, aufgebrochene Bucheckern auf Buch- oder Bergfinken hindeuten, Schuppen von Distelköpfen auf Stieglitze. Zahlreiche zerbrochene Schneckenhäuser um einen Stein verraten uns eine sogenannte Drosselschmiede: Vor allem Singdrosseln pflegen auf bestimmten Steinen, die mitunter Jahr für Jahr benutzt werden, die Gehäuse kleiner Landschnecken aufzuschlagen. Zerhacktes altes Fallobst im Spätherbst deutet auf regen Vogelbesuch, vor allem auf Amseln und Wacholderdrosseln hin. Wie mit Nadeln gestochene Lochstreifen neben den Trittspuren im weichen Schlamm kennzeichnen die emsige Tätigkeit von Strand- oder Wasserläufern bei der Nahrungssuche.

Spechte haben einen Ahornbaum »geringelt«: Aus den in die Rinde geschlagenen Löchern läuft im Frühjahr der Baumsaft, den die Spechte gerne trinken. Jedes Frühjahr werden die Quellen neu geöffnet.

Ein Schwarzspecht hat einen morschen Stamm systematisch »untersucht«, um holzbewohnende Insekten zu suchen.

Die Spuren der Spechte

Besonders vielseitige Spuren ihrer Tätigkeit hinterlassen die Spechte. An alten Bäumen oder angefaulten Baumstöcken können wir die Spuren entdecken, die der Meißelschnabel auf der Suche nach holzbewohnenden Insekten und deren

Larven hinterlassen hat. Besonders umfangreiche Löcher zur Nahrungssuche legt der Schwarzspecht an. Frische Löcher in Ameisenhaufen deuten auf die Tätigkeit von Grau- oder Grünspecht; die beiden Arten kommen von unseren Spechten am häufigsten auf die Erde. Eine sehr merkwürdige und sehr interessante Spur des Nahrungserwerbs hinterläßt das Ringeln der Bäume. Vor allem Buntspechte schlagen in die Rinde kleine Löcher, die meist in ganzen oder halben Ringen horizontal angeordnet sind. Durch diese Löcher gelangen die Spechte in den Genuß des Baumsaftes. Im Vorfrühling bis etwa Ende April sucht z. B. der Buntspecht geeignete Bäume auf (u. a. Kiefer, Tanne, Fichte, Eiche, Linde), und schlägt entweder kleine Löcher in der beschriebenen Form, oder kontrolliert die Saftlöcher, die schon früher geschlagen wurden, um dort austretenden Baumsaft zu trinken. Wer gut aufpaßt, wird in vielen Wäldern, vor allem im Gebirge und Mittelgebirge, solche Ringelbäume entdecken. Auch Kiefern- oder Fichtenzapfen, die in eine Astgabel oder Baumspalte eingeklemmt sind, deuten auf Spechte hin. Wir haben eine sogenannte Spechtschmiede entdeckt, die dem Specht das Wegschlagen der Zapfenschuppen erleichtert, zwischen denen die nährstoffhaltigen Samen liegen.
Schließlich sind auch verlassene Spechthöhlen, die einmal als Bruthöhlen benutzt wurden, immer einer Kontrolle wert. Wir sprachen schon davon, daß sie beliebte Brutplätze für zahlreiche Höhlenbrüter sind. Das Aufsuchen von Spechthöhlen oder großen verlassenen Horsten im Winter, wenn die Bäume kein Laub tragen, erleichtert uns dann im Frühsommer die Kontrolle von Brutplätzen. Systematische Bestandserfassung von Greifvogelbruten stützen sich sehr wesentlich auf die Horstsuche vor dem Austreiben der Bäume.

Buntspecht bearbeitet einen Zapfen.

Vogelfedern

Vögel erkennt man an den Federn. Dies gilt auch für ein besonders spannendes Kapitel der Spurensuche. Selbst einzelne Federn, die wir irgendwo auf dem Boden finden, erzählen uns viel. Sie können z. B. Mauserfedern sein und uns damit die Anwesenheit mancher Vogelarten verraten, die wir bisher noch nicht entdeckt haben. Wer z. B. systematisch Mauserfedern in Greifvogelrevieren im Wald sammelt, kann sich im Laufe der Zeit ein gutes Bild vom Leben eines Habicht-, Sperber- oder Mäusebussardpaares machen. Besonders viele Mauserfedern findet man im Hochsommer am Ufer vogelreicher Gewässer, denn zu dieser Zeit mausern Enten, Rallen, Taucher und viele Watvögel. Liegen große und kleine Federn mehr oder minder wahllos verstreut am Boden, haben wir wahrscheinlich eine Rupfung vor uns. Bevor Greifvögel einen geschlagenen Vogel zerlegen oder ihn an den Horst bringen, rupfen sie ihn in der Regel. Die sorgfältige Untersuchung einer Rupfung verrät uns in den meisten Fällen sehr rasch die Artzugehörigkeit des Opfers. Federn, die noch nicht voll aus dem Kiel herausgewachsen sind und an der Basis noch eine häutige Hülle tragen, gehörten entweder einem gerade mausernden Vogel oder,

Ein Buntspecht-Männchen trägt eine Haselnuß zur »Spechtschmiede«.

was sehr viel häufiger ist, einem Jungvogel, der eben das Nest verlassen hatte, und dessen Großgefieder noch nicht voll ausgewachsen war. Sind die Federkiele an der Basis abgebissen, dann handelt es sich nicht um eine Greifvogelrupfung, sondern um einen Riß. Fuchs oder Marder haben einen Vogel erbeutet. Oft liegen bei einer Rupfung noch unverdauliche Bestandteile der Beute, wie einzelne Knochen, Teile des Schädels oder die Beine. Bearbeitung der Beute, Lage der Rupfung und andere Hinweise können bei sehr viel Erfahrung auch Schlüsse auf den Täter zulassen. Wenn man Rupfungen findet, sollte man gründlich nachsehen, ob nicht auch ein Vogelring dabei liegt.

1
2
3
4
5
6
7
8

Schon einzelne Federn verraten oft den Vogel.

1–3 Schwanzfedern des Turmfalken: 1 Weibchen, 2 Jungvogel, 3 Männchen. 4 Schwanzfeder einer Ringeltaube. 5 Armschwinge der Waldohreule. Grünspecht: 6 Handschwinge, 7 mittlere Schwanzfeder. 8 halber Schwanz einer Rauchschwalbe.

Handschwingen laufen meist spitz zu mit schmaler gebogener Außenfahne und breiterer Innenfahne; der Schaft ist meist etwas gebogen. Armschwingen sind ähnlich, aber meist abgerundet, mit breiteren Fahnen. Bei den Schwungfedern der Eulen sitzt an der Außenfahne eine gezähnte Kante, die den lautlosen Flug ermöglicht. – Schwanzfedern haben meist breitere Außenfahnen und einen geraden Kiel, der bei den äußeren nur an der Basis gebogen ist. Abweichend von allen anderen Vögeln sind die mittleren Schwanzfedern der Spechte zugespitzt; sie tragen besonders widerstandsfähige Fahnen, da sie als Stütze beim Klettern eingesetzt werden. Nur wenige Federn sind so unverkennbar wie die Schwanzfedern der Rauchschwalbe. Bei Jungvögeln sind die Außenfedern nicht so lang ausgezogen.

Nicht alle Federn sind so leicht zu erkennen wie die im Bild dargestellten. Eine Federsammlung ist daher wichtige Voraussetzung zur »Spurensicherung«.

Nicht alle Federansammlungen auf dem Boden sind jedoch Rupfungen oder Rissen zuzuordnen. Bei der Spurensicherung müssen wir auch in Erwägung ziehen, ob der betreffende Vogel nicht auf andere Weise zu Tode gekommen ist, und anschließend dann Säuger oder Vögel den toten oder verletzten Vogel zerlegt und verzehrt haben. Besonders an stark befahrenen Autostraßen oder unter Hochspannungsleitungen finden bedauerlicherweise viele Vögel den Tod. An Autostraßen häufen sich die Fälle vor allem gegen Ende der Brutzeit, da offenbar zahlreiche unerfahrene Jungvögel unter die Räder kommen oder mit einem schnellfahrenden Auto zusammenstoßen (gleiches gilt übrigens für Eisenbahnlinien), während an Hochspannungsleitungen sich vor allem während der Zugzeiten viele Opfer finden. Milane, Bussarde oder Krähen halten sich gerne in der Nähe der Straßen auf, um die leicht erreichbare Nahrung zu nutzen; von Füchsen oder streunenden Hauskatzen ist bekannt, daß sie offenbar systematisch die Gebiete unter besonders unfallträchtigen Hochspannungsleitungen absuchen. Vogelkundler machen ihnen aber heute oft Konkurrenz, denn das systematische Absuchen solcher Gefährdungsgebiete nach Vogelleichen ist zu einer sehr wichtigen Aufgabe geworden. Nur durch sorgfältige Sammlung erfahren wir Daten über die Wirkung der Verdrahtung der Landschaft auf die Vogelwelt und den Einfluß von Verkehrstrassen auf die Umgebung. Dies wiederum ist die Voraussetzung für sinnvolle Abhilfemaßnahmen. So haben neuerdings Vogelkundler den Elektrizitätswerken konkrete Vorschläge für die Entwicklung geeigneter Isolatoren und Aufhängevorrichtungen der Drähte an den Masten gemacht, damit vor allem Großvögel, die an den Masten zur Rast einfallen, keine für sie tödlichen Stromüberschläge auslösen können. Auch umweltfreundliche Planung von Verkehrs- und Leitungsstraßen kann durch solche systematischen Untersuchungen entscheidend gefördert werden.

Federsammlung. Das sichere Bestimmen von Rupfungen und einzelnen Federn ist also mehr als nur eine Spielerei und mindestens ebenso interessant wie das Beobachten lebender Vögel. Ohne Vergleichsmaterial ist allerdings das Bestimmen sehr schwierig, wenn nicht gar unmöglich. Daher haben sich viele Vogelbeobachter eine regelrechte Federsammlung angelegt. Am zweckmäßigsten werden die gesammelten Federn nach Einzelfunden getrennt und sorgfältig geordnet auf einem festen Bogen Papier oder Karton angeheftet. Eine zugeklebte Klarsichthülle schützt die Federn vor schädlichen Einflüssen.

Gewölle

Mindestens ebenso spannend aber ist das Sammeln und Zerlegen von Gewöllen. Unverdauliche Bestandteile wie harte Chitinteile von Insekten, Knochen und Haare von Kleinsäugern, Vogelknochen und Federreste, formen sich im Magen vieler Vögel zu kleinen Ballen, die durch Speiseröhre und Schnabel wieder abgeschieden werden. Besonders stabil sind die Gewölle von Eulen, aber auch von manchen Greifvögeln. Gewölle von Insektenfressern, die nur Chitinteile der Insekten enthalten, zerfallen meistens sehr viel rascher und sind außerdem sehr klein. Gewölle finden wir vor allem unter Schlaf- oder Rastbäumen bestimmter Arten. So kann z. B. der Boden unter dem Tageseinstand von Waldohreulen und Waldkäuzen geradezu übersät mit Gewöllen sein. Auch in der Umgebung von Horsten finden sich häufig Gewölle und andere Fraßreste. Fest zusammenhaltende Gewölle können sorgfältig zerlegt oder in Wasser aufgeschwemmt werden. Die darin enthaltenen kleinen Knochen werden sorgfältig gesammelt und verglichen. Vor allem die Kieferknochen der Kleinsäuger lassen in den meisten Fällen eine sichere Artbestimmung zu.

Systematische Gewöll- und Rupfungsuntersuchungen sind ein wichtiger Beitrag zur Kenntnis der Ernährung unserer Greifvögel und Eulen. Aber auch z. B. bei Möwen und anderen Vogelgruppen lohnen sich solche Studien, die allerdings sorgfältige und oft mühselige Kleinarbeit erfordern, vor allem bei der Bestimmung von Insekten.

Gewölle des Waldkauzes unter seinem Schlafbaum. Die Grundmasse besteht aus verfilzten Mäusehaaren, in die die weißlichen Knochen eingebettet sind.

Knochen von Säugetieren und Vögeln lassen sich in Gewöllen der Eulen bestimmen. Schädel von Igel (1), Wühlmaus (2), Singvogel (3) und Spitzmaus (4). Einzelknochen: Beckenknochen Igel (5), Oberarmknochen Singvogel (6), Laufknochen Singvogel (7).

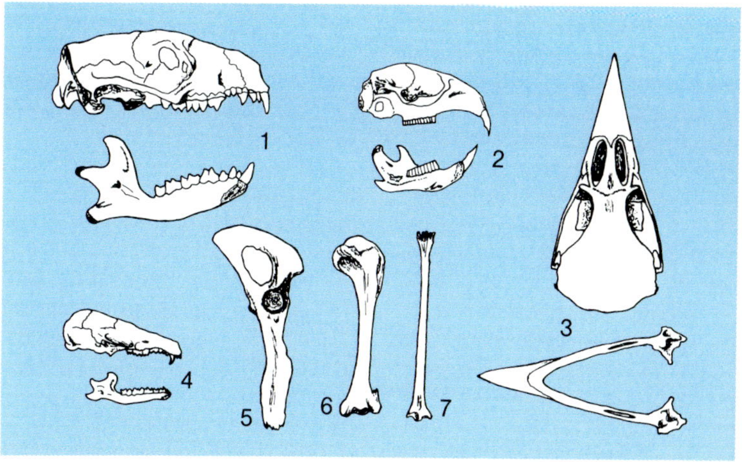

Vogelökologie

Vögel im Kreislauf der Natur

Trotz ihrer hohen Beweglichkeit fliegen Vögel nicht völlig frei und einfach so herum. Aus den vorhergehenden Kapiteln ist in ganz verschiedenen Zusammenhängen deutlich geworden, daß mehr oder minder feste Bindungen – zeitweise oder das ganze Jahr über – an verschiedene Lebensräume bestehen. In ihnen nutzen die einzelnen Vogelarten bestimmte Nahrungsangebote, sogenannte Ressourcen. An den Blättern eines Ahornbaumes lesen Blaumeisen Blattläuse ab; Amseln ziehen aus den obersten Bodenschichten Regenwürmer heraus; Schwalben jagen fliegende Insekten über die Wasseroberfläche eines Teiches, während die Rohrsänger Insekten zwischen den Schilfhalmen fangen; Stieglitze sitzen auf den Distelköpfen, um Samen herauszupicken; der Höckerschwan kann durch seinen langen Hals Wasserpflanzen am ufernahen Seeufer abweiden, Bläßhühner müssen dagegen ganz untertauchen, um dieselbe Nahrungsquelle ausbeuten zu können. Viele Vögel bilden selbst wieder Nahrung für andere Tiere. Der Sperber holt sich eine Blaumeise, der Baumfalke jagt Schwalben, der Hecht schnappt sich ein Bläßhuhnküken. Auch Vögel, die scheinbar keine natürlichen Feinde haben, gehen den Weg alles Irdischen. Kalte Winter, in denen viele Gewässer zufrieren, verursachen z. B. hohe Verluste unter den Schwänen und anderen Wasservögeln; bei kargem Nahrungsangebot sterben selbst große Greifvögel. Die Körper der toten Vögel dienen entweder anderen Tieren als Nahrung oder werden von Mikroorganismen abgebaut. Oft hört man die Frage: »Warum findet man eigentlich so wenig tote Vögel in der Natur?« Die Antwort ist einfach: Der Vogelkörper wird auf irgend eine Weise rasch wieder verwertet, sei es durch einen Fuchs, durch eine Katze oder einen Milan, durch zahlreiche Insekten (z. B. Aaskäfer, Fliegen, Ameisen) oder schließlich von Organismen, die organische Substanz zersetzen. Auch der Kot, den Vögel ausscheiden, wird verwertet, chemisch umgebaut und schließlich in anorganische Bestandteile zerlegt. Mit einem Satz: Vögel sind Glieder des Haushaltes der Natur. Die Lehre davon bezeichnet man als Ökologie.

Vögel als Anzeiger für Umweltänderungen

Der Vogelbeobachter wird von den sehr verwickelten Vorgängen im Naturhaushalt kaum etwas bemerken. Bei sorgfältiger Beobachtung registrieren wir aber bald viele Einzelheiten, die uns zeigen, wie Vögel in diesem Haushalt eingebunden sind

und welche Rolle sie dabei spielen. Großes Nahrungsangebot lockt z. B. riesige Vogelschwärme an. Die Lachmöwen hinter dem Pflug, Wolken von Staren im Weinberg, Tausende von Mauerseglern und Schwalben bei kühlem Wetter dicht über dem Wasser – das sind Reaktionen auf eine bestimmte Umweltsituation. Ebenso deutet das Ausbleiben von bestimmten Arten an, daß eine Nahrungsquelle oder ein bestimmtes Angebot nicht mehr oder zumindest nicht mehr im bisherigen Umfang vorhanden ist.
Änderungen im Bestand einzelner Vogelarten sind also mit bestimmten Änderungen in der Umwelt verknüpft. Dies gilt aber nicht nur für das kurzfristige Vorkommen oder Ausbleiben einer Vogelart oder den Wechsel der Jahreszeiten, sondern auch für langfristige Bestandsveränderungen. Manche Arten haben langfristig, d. h. über Jahrzehnte hinweg zugenommen, so z. B. Lachmöwe, Star, Amsel, Bläßhuhn. Von der großen Zahl abnehmender und aussterbender Arten werden wir im folgenden Kapitel noch sprechen. Vögel sind damit wichtige Anzeiger für die Auswirkungen von Umweltänderungen.
In unserer Kulturlandschaft ist meist der Mensch durch Zerstörung und Umgestaltung von Lebensräumen bzw. von bestimmten Ressourcen an Bestandsänderungen der Vögel sehr wesentlich beteiligt. Für manche Arten bedeutet z. B. der Anbau bestimmter Pflanzen in riesigen Mengen eine gewaltige Erweiterung des Nahrungsangebotes (z. B. der Getreideanbau für viele Körnerfresser). Die Nährstoffanreicherung unserer Gewässer hat zur Vermehrung mancher Wasservögel, wie Bläßhuhn, Lachmöwe, aber auch einiger Enten geführt. Man macht es sich vielfach zu leicht, für solche Bestandsvermehrungen das Fehlen sogenannter natürlicher Feinde als Erklärung heranzuziehen. Amseln sind wohl kaum mit solchem Erfolg in unsere Städte und Dörfer eingewandert, weil etwa dort Sperber oder Habicht fehlen bzw. selten sind. Vielmehr bietet die Struktur des Lebensraumes, wie etwa die Kombination von Busch- und Baumgruppen mit oft sehr kurz gehaltenen Rasenflächen, zusammen mit dem milden Stadtklima und einem relativ guten Nahrungsangebot von Herbst bis Frühjahr offenbar große Vorteile. Meist sind es mehrere Faktoren, die miteinander eine einschneidende Änderung im Bestand einer Vogelart bewirken.
Vielfach durchschauen wir das komplizierte Zusammenspiel im Naturhaushalt noch viel zu wenig, um schlüssig Bestandsveränderungen bei einzelnen Vogelarten erklären oder gar vorhersagen zu können. Weitere Arbeit ist also notwendig!

Regulation der Bestandsdichte von Vogelarten

Die Verhältnisse werden dadurch noch komplizierter, daß viele Vogelarten in ihrem Bestand sehr starke Schwankungen von Jahr zu Jahr zeigen. Ein kalter Winter kann einen starken Bestandseinbruch bedeuten, der aber meist nach kurzer Zeit wieder ausgebügelt ist. Die herbstliche »Schwalbenkatastrophe« 1974 brachte nur einen vorübergehenden Rückgang im Folgejahr. Die Natur ist durchaus in der Lage, z. B. witterungsbedingte Rückschläge auszugleichen. Es ist daher für den Bestand auch gleichgültig, ob wir ein paar Vögel durch aufwendige Rettungsaktionen vor einem Schlechtwettereinbruch retten oder nicht. Langfristige und einschneidende Umweltveränderungen dagegen werden oft nicht ohne weiteres aufgefangen. Der allmähliche und seit vielen Jahren anhaltende Rückgang des Schwalbenbestandes hat z. B. mit dem Katastrophenherbst 1974 nichts zu tun. Zunehmende Verstädterung und Verbauung unserer Landschaft, Abnahme des Insektenangebotes durch Umweltgifte und einige andere Faktoren dürften die Hauptursachen sein. Ein besonders interessantes Beispiel für Bestandsschwankungen ist der Mäusebussard. Die Zahl der Brutpaare in einem Gebiet, aber auch die der erfolgreich ausgeflogenen Jungen pro Jahr hängt größtenteils vom Nahrungsangebot ab. In mäusereichen Jahren gibt es viele, in mäusearmen wenige Mäusebussarde. Die Menge der Beutetiere reguliert also die Zahl der Jäger. Die Begrenztheit einer bestimmten Ressource, sei es Nahrungsangebot oder Angebot geeigneter Nistplätze, ist also ein wichtiger Regulationsfaktor, häufig sehr viel einschneidender als sogenannte natürliche Feinde, die immer wieder für die Erklärung von Bestandsänderungen herhalten müssen.

Wenn wir die Vermehrung eines Vogelbestandes verfolgen, läßt sich über die Jahre hinweg feststellen, daß auch bei sehr häufigen Arten die »Bäume nicht in den Himmel wachsen«. Ist eine Bestandsvermehrung als Antwort auf eine Umweltveränderung erst einmal in Gang gekommen, kann sie zunächst sehr rasch ablaufen, so daß innerhalb relativ kurzer Zeit hohe Zunahmeraten erreicht werden. Dabei ist es durchaus möglich, daß geradezu ein lawinenartiges Ansteigen nach dem »Schneeballsystem« eintritt und sich der Bestand einer Vogelart innerhalb weniger Fortpflanzungsperioden verdoppelt oder vervielfacht. Doch bald verlangsamt sich die Zunahme, um sich auf einem neuen Bestandsniveau einzupendeln. Die Zuwachsraten werden immer kleiner, bis schließlich der Bestand mehr oder minder gleich bleibt bzw. um einen Mittelwert schwankt. Die Tragfähigkeit (oder die Grenzkapazität) des Lebensraumes ist erreicht. Sie läßt ein weiteres Anwachsen des Bestandes nicht mehr zu. So hat man z. B. festgestellt, daß sich die zunächst von Parkvögeln abstammenden Höckerschwäne, die heute viele unserer stehenden Gewässer bevölkern und im Winter oft in großen Scharen gefüttert werden, stark vermehrten. Mit zunehmender Dichte der Schwäne auf den von ihnen besiedelten Seen sinkt aber die Zahl der Nachkommen; ein Teil der Paare kommt aus Platzmangel überhaupt nicht mehr zu einem richtigen Revier und viele Altvögel bleiben daher ohne Junge. So wird durch Nachlassen der Jungenproduktion bei hoher Bestandsdichte das Wachstum gebremst. Geht die Bestandsdichte wieder zurück, steigt die Jungenproduktion wieder an. Wir haben also den Fall einer Bestandsregulation vor uns, die von der jeweiligen Bestandsdichte der Vogelarten abhängig ist.

Konkurrenz um Nistplätze

Wenn man in einem modernen Wirtschaftswald Nistkästen aufhängt, wird man häufig eine starke Zunahme mancher Höhlenbrüter, z. B. Meisen oder Trauerschnäpper, feststellen können. Dies deutet an, daß der bisherige Bestand durch das geringe Angebot an geeigneten Nisthöhlen begrenzt wurde, Nahrung aber für viel mehr Vögel vorhanden war. In diesem Fall war also das Nisthöhlenangebot ein Minimumfaktor, der die Tragfähigkeit des Lebensraumes begrenzte und nur einen niedrigen Meisenbestand zuließ. Selbstverständlich wird bei beliebiger Vergrößerung des Nistkastenangebots der Höhlenbrüterbestand nicht fortwährend ansteigen, sondern bei einer bestimmten Höhe eine neue Grenze erreichen, die z. B. durch das Nahrungsangebot im Wald bestimmt wird. Da Umweltbedingungen von Jahr zu Jahr schwanken, wird auch der Höhlenbrüterbestand in unserem Waldbestand nicht jedes Jahr gleich hoch sein.

Eine Umweltressource, z. B. die Menge der als Nahrung zur Verfügung stehenden Insekten oder das Angebot geeigneter Nisthöhlen, steht aber einer einzigen Vogelart in der Regel nicht allein zur Verfügung. Sie muß vielmehr mit anderen Arten teilen. Die dadurch entstehende Konkurrenz z. B. um Nisthöhlen im Wald oder Park haben wir bereits in anderem Zusammenhang kurz erwähnt. Für schwächere Arten kann eine solche Konkurrenz schließlich dazu führen, daß sie den stärkeren weichen müssen und aus einem Ge-

biet verschwinden. Wenn wir aber nun Vogelbeobachtungen für einige Lebensräume sorgfältig zusammenstellen, werden wir bemerken, daß fast immer mehrere ähnliche Arten nebeneinander leben, trotz offensichtlicher Konkurrenz. Neben der kräftigeren Kohlmeise können wir z. B. regelmäßig die kleinen Blau- und Tannenmeisen beobachten, obwohl alle drei Arten als Konkurrenten für Höhlen in Betracht kommen und auch grundsätzlich auf ähnliche Nahrung angewiesen sind. Bei sorgfältiger Beobachtung entdecken wir aber Unterschiede zwischen den Konkurrenten in der Ausnutzung der für alle drei Arten wichtigen Ressourcen. Diese Unterschiede sind es, die ein Nebeneinander verschiedener Arten mit ähnlichen Umweltansprüchen ermöglichen oder anders ausgedrückt, Konkurrenz auch für schwächere Arten in erträglichen Grenzen halten. Die kleineren Blau- und Tannenmeisen können z. B. noch Höhlen für ihre Brut benützen, deren Einschlupfloch für die Kohlmeise zu klein ist. Die Tannenmeise brütet im Wald zudem gar nicht selten in Boden- oder Felslöchern oder dicht über dem Boden in Baumstrünken oder unter Wurzeln. Sie weicht den anderen Höhlenbrütern gewissermaßen aus. Durch besondere Anpassung hat also auch der Schwächere in der Konkurrenz neben dem Stärkeren eine Chance. Der Kleiber kann sich sogar große Höhlenbrüter, wie Star, Hohltaube oder selbst höhlenbrütende Eulen, erfolgreich vom Leib halten, indem er deren Höhleneingänge verklebt und das Einflugloch bis auf eine für ihn passende Öffnung verkleinert.

Ökologische Einordnung verschiedener Vogelarten auf engem Raum
(Alle Aufnahmen wurden im April am Ufer eines Stausees aus einem Versteckzelt innerhalb von 2 Stunden gemacht!)

Oben links: Der Zwergtaucher taucht nach kleinen Fischen und Wasserinsekten nahe dem Ufer. Oben rechts: Bläßhühner rasten im seichten Wasser und putzen sich. Mitte links: Die Bachstelze jagt nach Fliegen in der Uferzone im eiligen Laufschritt. Mitte rechts: Ein Hausrotschwanz hat sich eingefunden, um am Ufer ebenfalls Insekten aufzunehmen. Unten links: Die Singdrossel sucht an Seggenblüten Nahrung, sie kann mit ihrem Schnabel in den weichen Schlamm bohren. Unten rechts: Die Rabenkrähe ist Allesfresser; für sie hat das Wasser oft größere genießbare Brocken angeschwemmt.

Konkurrenz und Rollenverteilung

Noch viel feiner verteilt sind die Rollen bei der Nutzung des Nahrungsangebotes. Schon am winterlichen Futterhaus können wir erkennen, daß einzelne Arten jeweils verschiedene Bestandteile des Körnermischfutters bevorzugen, unterschiedliche Gewohnheiten der Nahrungsaufnahme zeigen oder auch zu unterschiedlichen Tageszeiten an die Futterstelle kommen. Gimpel und Grünling sitzen z. B. gemütlich am Futterbrett und nehmen ein Korn nach dem anderen vor, wobei sie es im Schnabel geschickt entschälen. Der Aufenthalt von Kohlmeise oder Kleiber ist dagegen meist nur kurz; sie holen sich einen Sonnenblumenkern und hämmern ihn irgendwo an einer günstigen

Bevorzugte Orte der Nahrungssuche einiger Singvögel im Garten, die ihre Brut mit Insekten, Insektenlarven und anderen Kleintieren füttern.

Regenwurm
Kleine Gehäuseschnecke
Vollinsekt
Raupe, Larve

1 Amsel; 2 Singdrossel; 3 Gartengrasmücke; 4 Rotkehlchen; 5 Bachstelze; 6 Kleiber; 7 Blaumeise; 8 Grauschnäpper; 9 Zilpzalp; 10 Mehlschwalbe.

Stelle auf. Die Kohlmeise klemmt dabei den Kern unter ihre Zehen, der Kleiber steckt ihn dagegen in einen Spalt, ähnlich wie der Buntspecht in der Spechtschmiede Fichten- oder Kiefernzapfen einklemmt. Kleiber treiben mit den Sonnenblumenkernen der Futterstelle übrigens auch Vorratswirtschaft und verstecken sie in ihrem Revier an geeigneter Stelle. Noch viel komplizierter werden die Unterschiede, wenn wir das Verhalten von Vögeln beobachten, die nebeneinander ei-

nen Lebensraum besiedeln, aber nicht alle an einer einzigen Stelle Nahrung suchen. Unterschiedliche Orte, verschiedene Techniken, aber auch verschiedene Stückgröße der Beute erlaubt z. B., daß im Garten oder Park verschiedene Arten gleichzeitig ihre Jungen im Nest mit Insekten und deren Larven füttern und erfolgreich aufziehen. Jede Art spielt eine andere Rolle in der Ausnutzung des Lebensraums. Man kann auch sagen, jede Art besetzt eine andere ökologische Nische. Da gibt es unter den insektenverzehrenden Vögeln Zweigsucher, Stammkletterer, Luftjäger, Bodenvögel, aber auch überwiegende Samenfresser, die wiederum bestimmte Bäume, Büsche oder Stauden bevorzugen, oder Gemischtköstler, die verschiedene Nahrungsquellen ausbeuten. Immer wenn wir verschiedene Vogelarten nebeneinander beobachten, werden wir irgendwelche Unterschiede des Nahrungserwerbs entdecken. Das schließt nicht aus, daß z. B. auch verschiedene Vogelarten vorübergehend das gleiche Angebot nutzen, vor allem wenn es sehr reichhaltig zur Verfügung steht. Aber bereits die Mitglieder eines gemischten Meisenschwarms im Herbst oder Winter wählen je nach Größe der einzelnen Arten unterschiedliche Teile einer Baum- oder Strauchgruppe zur Nahrungssuche aus. Ähnlich sind z. B. die Verhältnisse am Wasser fein aufeinander abgestimmt. Stockenten können durch Gründeln Kleintiere und Wasserpflanzen vom Boden höchstens bis 50 cm Wassertiefe erreichen, Schwäne mit ihren langen Hälsen noch bis in etwa 80 cm Tiefe Unterwasserpflanzen abweiden. Bläßhühner tauchen bis mehrere Meter tief, so daß ihnen weiter ab vom Ufer der Seeboden konkurrenzlos offen steht. Allerdings treten hier dann weitere Wasservögel auf, die gut tauchen können, wie Reiherente, Tafelente, Haubentaucher usw. Sie aber wiederum sind weniger ausgesprochene Vegetarier, sondern halten sich mehr an Kleintiere. Der Haubentaucher als reiner Fischjäger nimmt in dieser Gruppierung eine Sonderstellung ein. Am Schlammufer stehen die im Boden lebenden Würmer und Mückenlarven allen jenen Vögeln in großer Zahl zur Verfügung, die mit langem, spitzem Schnabel stochern können, wie Schnepfen, Wasserläufer, Strandläufer. Mit solchen kurzen Überblicken haben wir aber nicht einmal die wichtigsten verwirklichten Anpassungstypen alle erwähnt.

Anpassungen an den Nahrungserwerb

Welchem »Beruf« die einzelnen Vögel in einer Gesellschaft verschie-

Schnabelformen einiger Singvögel und die jeweilige Hauptnahrung

Laubsänger
Kleine Insekten im Geäst und an Blättern

Amsel
Bohren im Boden, Beeren und weiche Früchte

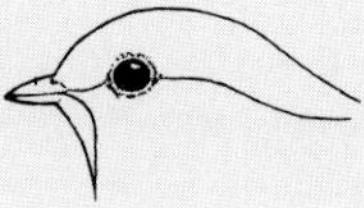

Sumpfmeise
Kleine Insekten, kleine Samenkörner

Buchfink
Sämereien und viele Insekten

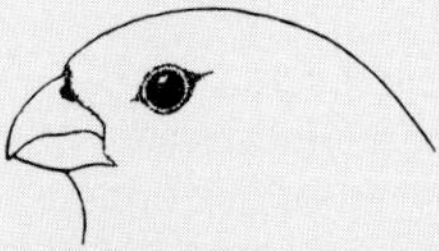

Gimpel
Beeren, kleine Sämereien, Knospen

Kernbeißer
Hartschalige Samen, Knospen

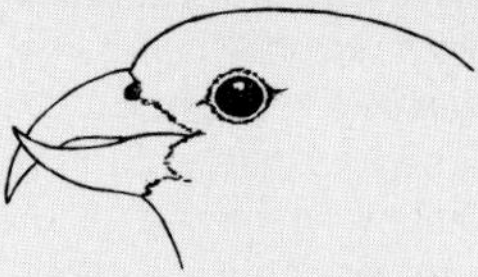

Fichtenkreuzschnabel
Spezialschnabel zum Entfernen der Zapfenschuppen

dener Arten nachgehen, welche ökologische Nische sie also einnehmen, kann man z. T. am Bau und der Gestalt des Schnabels ablesen. Für die Aufnahme und Bearbeitung der Nahrung ist er nämlich das wichtigste Instrument. Samenverzehrende Singvögel, wie Finken, Ammern und Sperlinge besitzen alle einen mehr oder minder kegelförmigen Schnabel. Die Unterschiede im einzelnen sind jedoch sehr groß in Anpassung an die Art der Nahrung und an die besondere Technik der Nahrungsaufnahme. So kann der Kegelschnabel lang und spitz, aber auch kurz und stumpf, oder schließlich sogar zu Spezialwerkzeugen ausgeformt sein, wie der Zangenapparat der Kreuzschnäbel. Kleine Insektenfresser verfügen in der Regel über einen feinen, pinzettenförmigen Schnabel, der jedoch bei Fliegenschnäppern an der Basis sehr breit, bei Schwalben und Seglern schließlich sehr kurz werden kann, sich aber dann in einen breiten Mundspalt fortsetzt, so daß für die Luftjagd eine große Fangöffnung zur Verfügung steht. Kräftige Stocherschnäbel finden wir bei Amsel und Star; sie können damit aus den obersten Bodenschichten Würmer und Insekten herausholen. Leicht zu erkennende Anpassungen an besonderen Nahrungserwerb sind die Reißhakenschnäbel der Greifvögel und Eulen zum Zerlegen und auch teilweise Töten der Beute, die langen Stocherschnäbel der Schnepfen und Wasserläufer für den weichen Boden, die Meißelschnäbel der Spechte, die breiten Schnäbel der Enten mit einer feinen Hornzähnelung zum Aussieben von Kleinlebewesen aus dem Wasser, die spitzen Dolchschnäbel fischjagender Vögel wie Reiher und Taucher, die z. B. bei Kormoran und Säger noch einen spitzen Haken zum Festhalten der glitschigen Beute aufweisen.

Artendichte in verschiedenen Lebensräumen

Der Vogelbeobachter wird also dort am meisten Vogelarten antreffen, wo die Landschaft besonders abwechslungsreich gestaltet ist. In Mischwäldern leben mehr Vogelarten als in einförmigen Nadelforsten. Doch auch Nadelwälder können recht artenreich sein, wenn die Bestände unterschiedlichen Altersklassen angehören, also Bäume verschiedener Wuchshöhe miteinander abwechseln, oder der geschlossene Baumbestand durch offene Flächen aufgelockert oder unterbrochen wird. Besonders reichhaltig ist die Artenzahl der Vögel an naturnahen Ufern von Gewässern, wenn unterschiedliche Pflanzengesellschaften vom offenen Wasser über den Schilfgürtel und die Seggenzone bis zum Au- oder Bruchwald aufeinander folgen, die jeweils unterschiedliche Vogelgesellschaften beherbergen. An Nahtlinien verschiedener Lebensräume treffen nicht nur die unterschiedlichsten Vogelarten zusammen. Hier siedeln vielmehr auch solche Arten in besonders hoher Dichte, die verschiedene Landschaftselemente als Ausstattung ihres Lebensraumes benötigen und in der Lage sind, unterschiedliche Nahrungsquellen auszunutzen. Auch in der intensiv genutzten Kulturlandschaft bedeutet Reichhaltigkeit und Abwechslung des Landschaftsbildes häufig eine Vermehrung der Vögel, die dort nebeneinander leben können. Baumgruppen und Parks im Häusermeer einer Großstadt bilden nicht nur eine angenehme kosmetische Raumausstattung mit frischem Grün, sondern eine Möglichkeit für Bereicherung und Aufbau tierischer Lebensgemeinschaften. Hecken und Feldgehölze in der ausgeräumten Agrarlandschaft haben den gleichen Effekt. Ganz allgemein läßt sich also die Regel aufstellen: Je reichhaltiger die Struktur und Ausstattung des Lebensraumes, desto mehr Vogelarten leben nebeneinander.

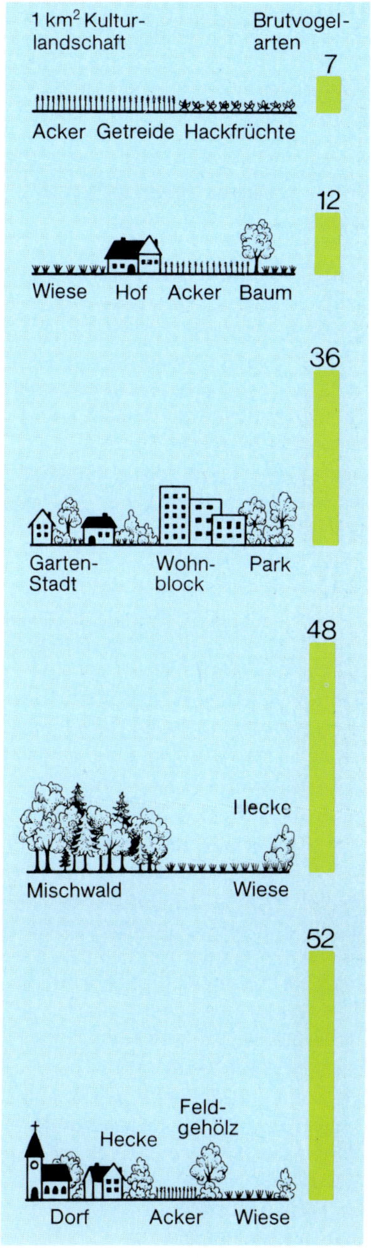

Die Zahl der Brutvogelarten pro 1 km² typischer Kulturlandschaft steigt mit der Reichhaltigkeit der Vegetationsstruktur.

Vogelschutz

Die Situation: Vögel werden weniger

Das scheinbar reiche Vogelleben ums Haus kann über eine immer deutlicher sich abzeichnende Entwicklung nicht hinwegtäuschen: Die Vogelwelt wird erschreckend ärmer. Jahr für Jahr verschwinden weitere Arten aus einzelnen Gebieten; die Vielfalt wird zur Einförmigkeit. Nur erhebliche Anstrengungen können diesen unheilvollen Trend aufhalten oder zumindest verzögern.
Die Erkenntnis von der zunehmenden Bedrohung vieler Vogelarten ist nicht neu, auch wenn man immer wieder hört, Naturschutz sei eine Erfindung unserer Tage. Schon vor rund 150 Jahren haben Vogelkundler den Rückgang mancher Vogelarten erkannt und die weitere Entwicklung vorausgesehen. Auch ist das Artensterben nicht auf die mitteleuropäische Kulturlandschaft beschränkt. Gerade in den Tropen und in empfindlichen, vom Menschen bisher wenig gestörten Ökosystemen, vollziehen sich gegenwärtig Umwandlungen, die mit einem Schlag viele Pflanzen und Tiere unwiederbringlich ausrotten. Rund 1000 Vogelarten, also etwa 11% der heute noch auf der Erde lebenden Vogelarten sind unmittelbar existenzbedroht; einige von ihnen haben sich, wenn Sie diese Zeilen lesen, schon endgültig verabschiedet. Etwa die Hälfte der einheimischen Brutvogelarten mußte inzwischen auf die Rote Liste (vgl. S. 126–129) der bedrohten Tierarten gesetzt werden. Auch einige Neueinwanderer, die es erfreulicherweise immer wieder einmal zu beobachten gibt, können die Bilanz nicht aus den roten Zahlen heben.
Die engen und vielseitigen Verflechtungen zwischen einzelnen Vogelarten und der besonderen Ausstattung ihres Lebensraumes, im vorigen Kapitel nur kurz skizziert, machen unmißverständlich deutlich, daß Arten sich nur erhalten lassen, wenn ihr Lebensraum bestehen bleibt. Vogelschutz ist also Schutz der Landschaft und damit auch Schutz unseres eigenen Lebensraumes. Man kann die Bemühungen um die Erhaltung einzelner Arten nicht trennen von Bestrebungen zur Sicherung von Gebieten, also dem Schutz von Biotopen, wie in der Ökologie Lebensräume bezeichnet werden. Die Verbindung von Arten- und Biotopschutz ist auch in den Naturschutzgesetzen eindeutig verankert.
Vögel leben nicht nur im Moor, am See oder im Wald. Ihr Lebensraum beginnt um unsere Häuser und damit auch der Vogelschutz. Naturschutzgebiete und Vogelreservate, die besonders naturnahe und daher wertvolle Teile der Kulturlandschaft schützen sollen, können die Auf-

Die Beute des Adlers.
Originalzeichnung von Guido Hammer.

Greifvögel als böse Räuber verfemt: Die romantisch-schaurigen Bilder des 19. Jh. wirken heute noch nach (Holzstich um 1870).

gabe der Erhaltung der heimischen Vogelwelt allein nicht übernehmen. Dazu sind sie zu wenige und zu klein. Es ist auch gar nicht möglich, im dicht besiedelten Mitteleuropa alle Typen von Lebensräumen in ausreichendem Umfang unter Schutz zu stellen. Abgesehen davon benötigen manche Vogelarten soviel Platz, daß man höchstens bestimmte Teile ihres Lebensraumes unter Schutz stellen kann, etwa den Nistplatz eines Steinadlers oder einen Vogelfelsen im Meer, kaum aber große Teile der zur Existenz der betreffenden Arten notwendigen Umgebung.
Schutzmaßnahmen müssen sich also in den Umgang mit der Landschaft integrieren und überall wirksam werden, auch wenn sie sich anderen Interessen einpassen und unterordnen müssen. Allerdings zeigt energischer Einsatz immer wieder, daß manchmal allzu leichtfertig die Notwendigkeiten zur Erhaltung von

Pflanze und Tier hinter vordergründigen Tagesforderungen einer Interessengruppe der Gesellschaft zurückgesetzt werden. Oft geht es auch anders, so daß weniger Natur auf der Strecke bleibt.

Die Ursachen des Artenschwundes

Manche Vogelarten hatten seit langem unter unsinnigen Vorurteilen zu leiden, Greif- und Rabenvögel etwa als böse Räuber, Reiher oder Spatzen als Schädlinge. Rücksichtslose Verfolgung führte manche Arten an den Rand des Aussterbens. Auch heute noch glaubt man vielfach, gefiederte »Schädlinge« mit Flinte und Falle in die Schranken weisen zu müssen. Doch die wichtigsten Ursachen des Rückgangs vieler Arten liegen in der Störung oder Vernichtung von Lebensräumen und in der schleichenden Vergiftung der Umwelt, die auch den Menschen mehr und mehr zu schaffen macht.
Die wichtigsten Ursachen für den Rückgang von Vogelbeständen im Telegrammstil:
Zerstörung von Feuchtgebieten. Trockenlegung von Mooren und Feuchtwiesen, starke Düngung; Zuschütten von Tümpeln; Entlandung von Teichen; Veränderung des Grundwasserspiegels; Absterben und Zerstörung von Schilf; Verschmutzung der Gewässer; Bebauung von Seeufern, Anlage von Bootshäfen, Campingplätzen, Uferstraßen usw.; Begradigung und Verbauung von Fließgewässern; Vernichtung von Mooren durch Torfabbau und Aufforstung; Verrohrung kleiner Rinnsale usw.

Das Braunkehlchen findet keine Überlebensmöglichkeiten mehr auf modernen, maschinell bearbeiteten und intensiv genutzten Grünflächen. Die Männchen benützen Weidepfosten, hohe Halme oder kleine Bäumchen als Sing- und Ausguckwarten; die Nester sind in der dichten Vegetation gut versteckt.

Feucht- und Niedermoorwiesen, die regelmäßig aber nur extensiv z. B. als Streuwiesen genutzt werden, sind unersetzliche Lebensräume unserer Kulturlandschaft und müssen unbedingt erhalten werden. Hier brüten noch Brachvogel, Bekassine, Wachtelkönig, Braunkehlchen und Wiesenpieper. Viele dieser Wiesenbrüter wurden durch die intensive, maschinelle Nutzung von Düngewiesen und anderen Grünländereien vertrieben.

Zerstörung von Lebensraum durch Bewirtschaftung und Verbauung. Zunahme großflächig intensiv gepflegter Monokulturen in Wald und Feld; Verschwinden von Brachland, ungenutzten Böschungen, Ruderalflächen, Ödland, Hecken, Buschgruppen, Feldgehölzen, Alleen; Auffüllung oder Rekultivierung (statt Renaturierung) von Kiesgruben; Erschließung für Fremdenverkehr, Freizeit und Sport; Verstädterung ländlicher Siedlungen; Platzbedarf für Industrie und Verkehr usw.

Störungen. An Gewässern durch Camping, Bade- und Wassersportbetrieb (Surfen!), Angeln; Störung durch Verkehr, Maschinen; Verdrahtung der Landschaft; Fahr- und Wanderwege, Bergbahnen; Skipisten und Langlaufloipen; Ausflügler- und Touristenverkehr; Großveranstaltungen in freier Landschaft; Geländefahrten mit Rad (Mountainbike) und Motorfahrzeugen; Gleit- und Drachenfliegen; Wildwasserfahrten; Naturfotografen usw.

Gifte. Pflanzenschutzmittel und Überdüngung in der Landschaft; Industriegifte; Verkehr. Folge: Waldsterben, Gewässer- und Bodenvergiftung, Nahrungsmangel für Kleintierjäger.

Rote Listen der gefährdeten Vogelarten

Rote Listen stellen gefährdete Tier- und Pflanzenarten zusammen und sind daher das vordringliche Minimumprogramm des Artenschutzes. Man unterscheidet dabei ganz grob unterschiedliche Kategorien (A gilt für Österreich, CH für die Schweiz und D für die Bundesrepublik Deutschland; - bedeutet, daß die Art nicht regelmäßig brütet; befindet sich kein Zeichen bei einer Art, ist ihr Bestand im entsprechenden Land nicht gefährdet).
0: Arten, die in den letzten 150 Jahren ausgestorben sind.
1: Vom Aussterben bedrohte Arten.
2: Stark bedrohte Arten, die in manchen Landesteilen schon verschwunden sind.
3: Bedrohte Arten, die abnehmen oder kleine Bestände aufweisen.
4: Potentiell bedrohte Arten, die zwar noch nicht abnehmen, aber nur an wenigen, oft gefährdeten Stellen leben.
Für die einzelnen Länder sind die Kategorien etwas unterschiedlich definiert.

Nach: Berichte Deutsche Sektion int. Rat Vogelschutz 26, 1986; Österr. Ges. Vogelkunde 1988; Vogelwarte Sempach 1977, 1982.

	A	CH	D
Lappentaucher			
Zwergtaucher			3
Haubentaucher	3		
Rothalstaucher	–	–	3
Schwarzhalstaucher	3	4	1
Sturmvögel			
Eissturmvogel	–	–	4
Kormorane			
Kormoran	0	–	3
Reiher			
Rohrdommel	2	0	1
Zwergdommel	2	1	1
Nachtreiher	2	4	4
Silberreiher	2	–	–
Graureiher	3		4
Purpurreiher	2	1	4
Störche			
Schwarzstorch	3	–	1
Weißstorch	2	0	1
Ibisse			
Löffler	2	–	–
Entenvögel			
Graugans	3	–	
Schnatterente	3	4	3
Krickente	3	4	2
Spießente	1	–	2
Knäkente		4	2
Löffelente	3	4	2
Kolbenente	3	4	4
Moorente	3	–	1
Tafelente	4	4	
Reiherente	4	4	
Schellente	–	–	2
Mittelsäger	–	–	4
Gänsesäger	1	3	1

	A	CH	D
Greifvögel			
Mönchsgeier	0	–	–
Bartgeier	0	0	–
Wespenbussard	3		3
Schwarzmilan	2		3
Rotmilan	0	3	3
Seeadler	0	–	1
Schlangenadler	0	4	0
Rohrweihe	3	4	4
Kornweihe	0	0	1
Wiesenweihe	1	1	1
Fischadler	0	0	0
Steinadler	2	4	1
Schreiadler	0	–	0
Sperber	3	3	3
Habicht	3	3	4
Zwergadler	0	–	–
Baumfalke	3	3	2
Würgfalke	1	–	–
Wanderfalke	1	1	1
Rötelfalke	1	–	–
Rotfußfalke	2	–	–
Hühnervögel			
Haselhuhn	3		1
Alpenschneehuhn			4
Birkhuhn	3		1
Auerhuhn	3	2	1
Steinhuhn	2	2	4
Rothuhn	–	0	0
Wachtel	3	2	2
Rebhuhn	3	2	2
Kraniche			
Kranich	0		
Rallen			
Wasserralle			3
Tüpfelsumpfhuhn	3	4	2

	A	CH	D
Kleines Sumpfhuhn	3	4	1
Zwergsumpfhuhn	–	4	1
Wachtelkönig	2	1	1
Trappen			
Großtrappe	1	–	0
Zwergtrappe	0	–	–
Säbelschnäbler			
Säbelschnäbler	2	–	
Triele			
Triel	1	–	0
Regenpfeifer			
Seeregenpfeifer	1	–	2
Mornell	2	–	0
Goldregenpfeifer	–	–	1
Kiebitz			3
Schnepfenvögel			
Alpenstrandläufer	–	–	1
Kampfläufer	–	–	1
Bekassine	3	1	2
Waldschnepfe	3		3
Uferschnepfe	2	–	2
Brachvogel	1	1	2
Rotschenkel	2	0	2
Waldwasserläufer	–	–	1
Bruchwasserläufer	–	–	1
Flußuferläufer	3	3	1
Steinwälzer	–	–	1
Möwen			
Silbermöwe		4	
Schwarzkopfmöwe	–	–	4
Sturmmöwe	4	4	
Dreizehenmöwe	–	–	4

Vogelschutz

	A	CH	D
Seeschwalben			
Lachseeschwalbe	0	–	1
Raubseeschwalbe	–	–	0
Brandseeschwalbe	–	–	2
Rosenseeschwalbe	–	–	0
Flußseeschwalbe	2	3	1
Küstenseeschwalbe	–	–	2
Zwergseeschwalbe	0	–	2
Trauerseeschwalbe	0	–	1
Alke			
Trottellumme	–	–	4
Tordalk	–	–	4
Papageitaucher	–	–	0
Tauben			
Hohltaube	3	2	3
Turteltaube	4		
Eulen			
Schleiereule	1		3
Zwergohreule	1	1	–
Uhu	2	2	2
Sperlingskauz			3
Steinkauz	2	2	2
Habichtskauz	0	–	0
Sumpfohreule	1	0	1
Rauhfußkauz			4
Ziegenmelker			
Ziegenmelker	3	4	2
Segler			
Alpensegler	4	3	4
Eisvögel			
Eisvogel	2	2	2

	A	CH	D
Bienenfresser			
Bienenfresser	2	–	–
Racken			
Blauracke	2	–	0
Wiedehopfe			
Wiedehopf	2	2	1
Spechte			
Wendehals		4	2
Grünspecht			3
Mittelspecht	3	3	2
Weißrückenspecht	4	–	2
Dreizehenspecht			3
Blutspecht	4	–	–
Lerchen			
Heidelerche	2	4	2
Haubenlerche	2	4	
Schwalben			
Uferschwalbe	4	4	3
Felsenschwalbe	4		1
Stelzen			
Brachpieper	1	4	1
Wiesenpieper	4	3	3
Wasserpieper			4
Schafstelze	2	4	3
Braunellen			
Alpenbraunelle			4
Wasseramseln			
Wasseramsel	4		

	A	CH	D
Drosseln			
Nachtigall	4		
Sprosser	–	–	4
Blaukehlchen	1	4	1
Gartenrotschwanz			3
Braunkehlchen	4	4	2
Schwarzkehlchen	4	3	2
Steinschmätzer			2
Steinrötel	4		1
Blaumerle	–	3	–
Grasmücken			
Seidensänger	–	4	–
Cistensänger	–	4	–
Schlagschwirl	4	–	4
Rohrschwirl	4	4	2
Feldschwirl		3	
Mariskensänger	4	4	–
Seggenrohrsänger	–	–	0
Schilfrohrsänger	4	4	2
Drosselrohrsänger	4	2	1
Sperbergrasmücke	2	4	1
Orpheusgrasmücke	–	4	–
Orpheusspötter	–	3	
Gelbspötter		2	
Berglaubsänger			3
Fliegenschnäpper			
Zwergschnäpper	4	–	4
Halsbandschnäpper		3	3
Timalien			
Bartmeise		4	2
Mauerläufer			
Mauerläufer			4

	A	CH	D
Beutelmeisen			
Beutelmeise		4	3
Würger			
Neuntöter		4	2
Schwarzstirnwürger	1	0	0
Raubwürger	1	1	1
Rotkopfwürger	1		1
Rabenvögel			
Alpenkrähe	0	2	
Dohle			3
Saatkrähe	4	3	3
Kolkrabe			2
Sperlinge			
Schneefink			4
Steinsperling	–	–	0
Finken			
Zitronengirlitz			4
Ammern			
Zaunammer			1
Zippammer	4		2
Ortolan	1	2	1
Rohrammer	4		
Grauammer	4		2

Vogelschutz

Der Schwarzstorch gehört zu den seltensten Brutvögeln Deutschlands. Intensiver Schutzarbeit vor allem in der Lüneburger Heide ist es zu verdanken, daß er noch nicht ausgestorben ist. Im Gegensatz zu Weißstörchen, meiden Schwarzstörche den Menschen.

Was ist zu tun?

Die aktive Mitarbeit möglichst vieler Menschen ist grundlegende Voraussetzung, die immer noch zu schwache Position des Artenschutzes, in dem der Vogelschutz von jeher eine Vorreiterrolle spielte, in der Öffentlichkeit zu stärken. Information und biologische Schulung muß verstärkt werden: Nur wer etwas von der Natur versteht, kann sie schützen.

Vollzug von Rechtsvorschriften
Auf dem Gebiet der Gesetzgebung zum Schutz für Lebensraum und Tierarten ist viel erreicht worden. Doch darf dies nicht darüber hinwegtäuschen, daß wichtige Fragen immer noch nicht geklärt sind. Davon betroffen sind nicht nur die innerhalb von Landesgrenzen geltenden Gesetze und Vorschriften, sondern vor allem auch internationale Vereinbarungen. Vögel kennen keine politischen Grenzen und so ist ihr Schutz auch eine internationale Angelegenheit. Wichtige Organisationen arbeiten daran, u. a. der Internationale Rat für Vogelschutz mit vielen nationalen Sektionen.
Ein entscheidender Punkt ist aber die Durchführung und der Vollzug der erlassenen Rechtsvorschriften in der Praxis. Hier liegt vieles im argen, nicht zuletzt deshalb, weil Naturschutzbehörden im Vergleich zu anderen Dienststellen der öffentlichen Hand in der Regel unterbesetzt und mit zu wenig Mitteln ausgestattet sind. So entscheidet häufig die Mitarbeit interessierter und fachkundiger Bürger darüber, ob die Gesetze zum Schutze der Natur auch wirklich sinnvoll angewendet werden. Die Rolle von Fachverbänden ist im Vogelschutz daher äußerst wichtig. Doch die Lobby der Vogelschützer hat sich mit einer großen Übermacht auseinanderzusetzen.
Planungen in den verschiedensten Zusammenhängen sind heute Voraussetzung für Wirtschaft und Politik geworden; sie sind es selbstverständlich auch für den Naturschutz. Viele ornithologische Arbeitskreise

und Vogelschutzverbände sind daher ständig mit Planungsfragen beschäftigt. Für den einzelnen Vogelbeobachter mögen solche Aspekte hohe Politik bedeuten, mit denen er wenig zu tun haben möchte. Doch niemand, der die Natur liebt, kann sich heute solchen Forderungen ganz entziehen.

Erhaltung und Gestaltung von Biotopen

Aber auch kleinere Vorhaben des Vogelschutzes im Alltag in unserer unmittelbaren Umgebung bedürfen meist der Zusammenarbeit mehrerer Gleichgesinnter. Im Vordergrund steht die Erhaltung und Gestaltung von Biotopen. Tümpel, Teiche, Feuchtwiesen, Schilfflächen, Brach- und Ödflächen, Hecken und Feldgehölze sind Beispiele wichtiger Elemente unserer Kulturlandschaft, die unbedingt erhaltenswert sind. Gute Möglichkeiten, wertvolle Lebensräume neu zu schaffen und zu gestalten, bilden aus der Nutzung entlassene Kiesgruben und andere Erdaufschlüsse. Steinschmätzer, Flußregenpfeifer, Uferschwalbe, aber auch Eisvogel und bei Naßbaggerungen Enten, Rallen und andere Wasservögel besiedeln solche Biotopangebote meist sehr rasch. Oft sind es gerade die verächtlich als Ödland oder Unland, als verwildert und unordentlich bezeichneten Flächen, die besonders wertvoll sind. Häufig werden solche Biotope nur aus falsch verstandenem deutschen Ordnungssinn vernichtet und »ordnungsgemäß« hergerichtet. Die Mitwirkung von Vogelschützern an der Erhaltung wertvoller Vogelbiotope in Zusammenarbeit mit Planern und Behörden hat sich bereits in vielen Fällen als sehr erfolgreich erwiesen. Auch durch Ankauf oder Pacht wurden, meist mit Hilfe öffentlicher Geldgeber, von privaten Organisationen und Verbänden Lebensräume sichergestellt.

Man darf aber nicht übersehen, daß die Probleme mit der rechtlichen Sicherung eines Gebietes oft erst beginnen, denn kleine wertvolle ökologische Zellen, wie man solche Biotope auch nennt, verändern sich im Laufe der Zeit. Da sind einmal die Einflüsse aus der Umgebung, zum anderen die Kräfte der Natur, die allmählich ablaufende Änderungen bewirken. So muß man z. B. für eine Ödfläche oder eine aufgelassene Kiesgrube gar nicht immer sofort einen großen Bepflanzungsplan aufstellen. Grün stellt sich im Laufe der Zeit von selber ein und schon vielfach hat sich erwiesen, daß der natürliche Anflug von Pflanzen eine wesentlich bessere Voraussetzung für die Entwicklung einer reichhaltigen Tierwelt bietet als gutgemeinte Anpflanzungen. Andererseits kann der Anflug von Pflanzen im Laufe der Zeit zu viel werden, so daß beispielsweise eine Kiesbank, die nicht mehr regelmäßig von Hochwassern überschwemmt wird, sich in ein Weidendickicht umwandelt. Das kann für manche Vogelarten von positiver Bedeutung sein. Wenn wir aber Flußregenpfeifer oder Seeschwalben auf dieser Kiesbank schützen wollen, dann müssen wir eingreifen, um die Verbuschung zu verhindern. Eine wertvolle Streuwiese, auf der Brachvogel, Braunkehlchen oder Wachtelkönig brüten, kann auf Dauer nur erhalten werden, wenn sie in größeren Abständen gemäht wird und sich keine Büsche und Bäume ansiedeln können. Kleine Gewässer verlanden allmählich und wachsen zu.

Sinnvolle Biotoppflege

Sie ist also nach der Biotopsicherung eine ganz wichtige Maßnahme des Vogelschutzes. Ob und wie wir in die natürlichen Abläufe eingreifen, hängt ganz davon ab, welches Schutzziel wir mit einem bestimmten Biotop erreichen wollen. Zur Pflege muß natürlich die ständige Überwachung kommen. Nur die wenigsten deutschen Naturschutzgebiete erfreuen sich einer regelmäßigen Überwachung oder Betreuung durch Naturschützer. Gerade im Vogelschutz spielt die Bewachung zur Brutzeit oft eine wichtige Rolle, denn viele kostbaren Vogelbruten werden absichtlich oder unabsichtlich zerstört. Seit vielen Jahrzehnten hat sich die Bewachung von Seevogelreservaten an der deutschen Nordseeküste sehr bewährt. Auch die Horste vom Seeadler, Wanderfalke oder Uhu werden teilweise durch freiwillige Helfer rund um die Uhr bewacht. Die Überwachung von Schutzgebieten muß nicht immer gegen eine interessierte Bevölkerung gerichtet sein. Sie kann umgekehrt auch dazu führen, daß fachkundige Personen zur Verfügung stehen, die interessierte Mitbürger führen und beraten und den Besucherstrom so lenken, daß der Natur möglichst wenig Schaden zugefügt wird.

Einbürgerung und Wiedereinbürgerung von Vogelarten

Die Eignung eines Lebensraumes, aber auch die Kenntnis der diesen Lebensraum bewohnenden Tiere, bilden die Voraussetzung für Überlegungen zur Einbürgerung und Wiedereinbürgerung von Vogelarten. Derartige Aktionen haben in den letzten zwei Jahrzehnten teilweise in der Diskussion um Artenschutzprobleme einer ihrer Bedeutung wohl unangemessen große Rolle gespielt, wahrscheinlich deshalb, weil sie besonders spektakulär und daher publikumswirksam sind. Mittlerweile ist deutlich geworden, daß Einbürgerungsprogramme sehr teuer sind und Mißerfolge bei unge-

Die Graugans ist in einigen Gebieten Mitteleuropas wieder erfolgreich angesiedelt worden. Die Wiedereinbürgerung von verschwundenen Vogelarten ist aber nur dort sinnvoll, wo sich der geeignete Lebensraum findet. Bis jetzt gibt es nur bei ganz wenigen Vogelarten erfolgreiche Ansätze einer Wiederansiedlung.

nügender Planung mit Sicherheit eintreten. Wichtig ist vor allem die Erkenntnis, daß gezielte Schutz- und Hilfsmaßnahmen an vorhandenen Restpopulationen einer Vogelart auf alle Fälle vor Wiedereinbürgerungen den Vorrang haben müssen, auch aus ökonomischen Gründen. Ein Wiedereinbürgerungsprogramm nach dem Aussterben einer Art ist in der Regel um ein Vielfaches teurer als gezielte Schutzmaßnahmen vor ihrem restlosen Verschwinden. Erfolge konsequenten Schutzbemühens um aussterbende Vögel ohne Wiedereinbürgerungen sind in Mitteleuropa bei Wanderfalke und Schwarzstorch erreicht worden. Die Auswilderung von Vögeln, die in Gefangenschaft gezüchtet wurden oder aus anderen Gebieten stammen, ist ohne besondere Ausnahmegenehmigung nicht erlaubt. Man kann daran denken, einen vorhandenen Vogelbestand durch Auswildern gezüchteter Individuen zu stützen; dann aber müssen die Individuen im Erbut zueinander passen.

Nistkästen und andere Nisthilfen

Nur wenn in ausreichender Zahl Nachkommen groß werden, kann sich der Bestand einer Vogelart halten. Dabei geht es nicht so sehr um einzelne Individuen. Verluste sind vor allem unter Jungvögeln groß – und das ist ganz natürlich. Entscheidend ist, daß trotz unvermeidlicher Fehlschläge die Bilanz dennoch positiv bleibt und Vögel z. B. Gelegenheit haben, besonders ungünstige Jahre durch erhöhten Bruterfolg in günstigen Jahren wieder auszugleichen.
Künstliche Nisthilfen, die man vielen Arten zur Verfügung stellen kann, sind nicht in der Lage, schlechtes Wetter oder die Vernichtung von Lebensraum auszugleichen. Sie lohnen nur dann die aufgewendeten Mühen und Kosten, wenn sie in einem geeigneten Lebensraum erkennbaren Mangel ausgleichen. Sie sind also nur Hilfen, kein Ersatz.
Und noch etwas: Es kann nicht Aufgabe praktischer Hilfsmaßnahmen sein, Vögel zu verwöhnen und sie dadurch der Natur zu entfremden. Wir müssen ihnen auch bei den bestgemeinten Hilfsmaßnahmen immer noch die Gelegenheit lassen, sich mit den Widrigkeiten ihrer natürlichen Umwelt auseinanderzusetzen und sich dabei zu bewähren. Sonst haben sie auf Dauer keine

Bastelplan eines Nistkastens für höhlenbrütende Singvögel (Meisen, Trauerschnäpper), der vom Landesbund für Vogelschutz in Bayern entwickelt wurde.

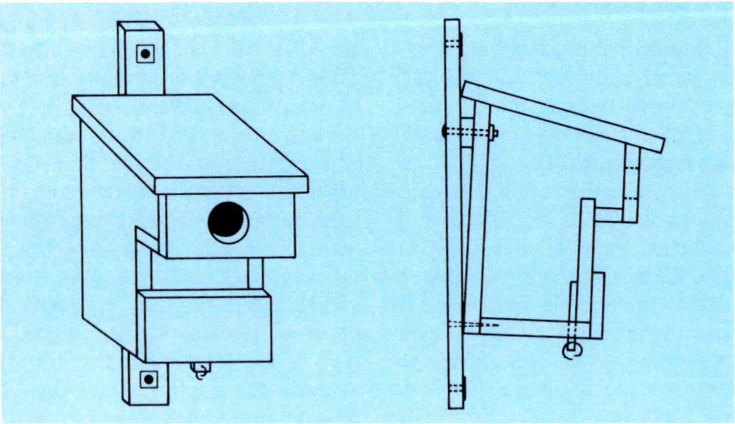

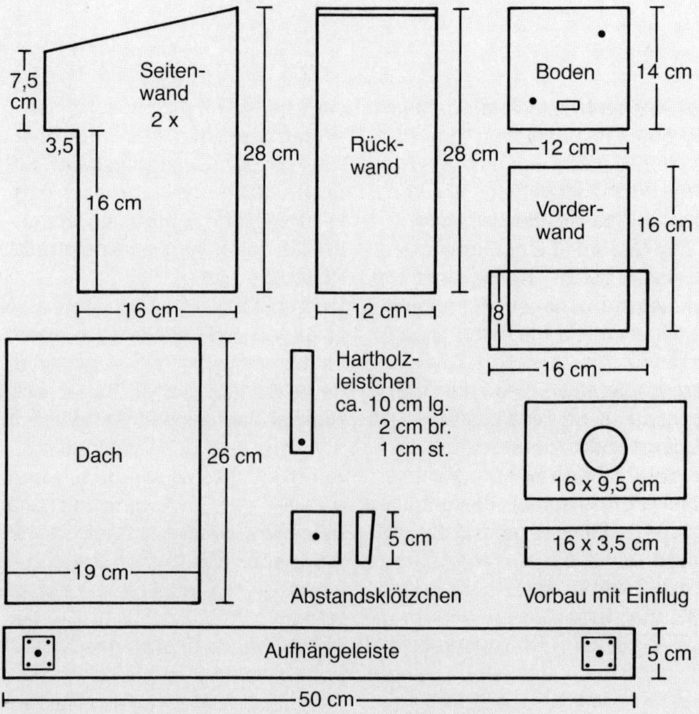

Materialbedarf: Bretter 2 cm stark
Hartholzleiste 50 cm lang, 5 cm breit, 2,5 cm stark
Klötzchen 5 × 5 × 2–2,5 cm
Hartholzleisten 10 cm lang, 2 cm breit, 1 cm stark
Schreinerstife 6 cm lang
1 Schloß-Schraube 6 cm lang
Holzschutzmittel

Arbeitanleitung:

Seitenwände vorne oben für den Vorbau durch Annageln kleinerer Brettchen verbreitern bzw. bei entsprechend breiten Brettern nach Plan ausschneiden. In den Boden Löcher für die Belüftung und Schlitz als Halterung für die Vorderwand bohren. Zunächst Seitenteile auf die Rückwand, dann Boden hinten und seitlich annageln. Vorbau mit dem Flugloch und Dach aufnageln. Aufhängeleiste bohren und anschrauben. Vorderwand so einpassen, daß seitlich einige mm Luft bleiben, um ein leichtes Herausnehmen auch bei Feuchtigkeit zu gewährleisten. Hartholzleistchen innen so annageln, daß es ca. 2 cm aus dem Schlitz im Bodenbrett herausragt und die Vorderwand durch einen Drahtring gesichert werden kann. Querbrettchen auf die Vorderwand nageln.

Fluglochgrößen:

27 mm Ø für Kleinmeisen (z. B. Blaumeise, Tannenmeise)
34 mm Ø für Kohlmeise, Kleiber, Trauerschnäpper, Wendehals.
Ovales Flugloch von 30 mm Breite und 45 mm Höhe für Gartenrotschwanz.

Überlebenschance. Auch im Nistkasten oder im künstlichen Storchennest muß es also Verluste geben. Es hat auch keinen Sinn, eine Landschaft mit künstlichen Nisthilfen vollzupflastern und dadurch eine Vogelart in totale Abhängigkeit vom Menschen zu bringen. Für manche besonders bedrohte Arten, wie z. B. Steinkauz oder Weißstorch, können technische Maßnahmen der Artenschutzpraxis oft nur Überbrükkungsmaßnahmen bedeuten, denen großräumige Hilfsprogramme erst eine Erfolgsaussicht einräumen müssen. Ähnliches gilt z. B. für die Winterfütterung (s. S. 144). Unbedingt vermeiden sollte man jedoch, daß ungünstige Konstruktionen, die man sich in der Stube ausgedacht und in der Bastelwerkstatt in die Tat umgesetzt hat, zusätzliche Gefährdungen nach sich ziehen. Vogelschutzgruppen und -verbände (Adressen S. 183) beraten gerne.

Nistkästen für Höhlen- und Nischenbrüter

Eine Reihe von Singvögeln im Garten und Park brütet in Höhlen oder Halbhöhlen, die ihnen in einem natürlichen Wald in Gestalt ausgefaulter Astlöcher zur Verfügung standen. Alte Bäume sind rar geworden und auch die von den Spechten gezimmerten Höhlen reichen längst nicht aus, die Wohnungsnot zu beheben. Nistkästen bieten eine hervorragende Möglichkeit, Höhlenbrütern zu helfen. Manche Arten, wie z. B. der Trauerschnäpper, brüten heute bei uns fast ausschließlich in künstlichen Bruthöhlen; Naturhöhlen haben für sie keine große Bedeutung mehr.

Über 10 Singvogelarten lassen sich in Garten und Park leicht in Nistkästen ansiedeln, z. B. 4 verschiedene Meisen, Kleiber, Trauer- und Halsbandschnäpper, Gartenrotschwanz, Star und Feldsperling. Auch der selten gewordene Wendehals ist sehr vom Angebot an geeigneten Nistkästen abhängig. Am besten haben sich Kästen aus Holz bewährt, die man auch selbst herstellen kann. Vor allem die Größe des Flugloches sollte sich den zukünftigen Bewohnern anpassen (s. Bastelplan S. 134/135). Einfache Kästen mit nur halb hochgezogener Vorderwand werden von Gartenrotschwanz, Grauschnäpper, manchmal auch Bachstelze, Amsel oder Hausrotschwanz angenommen (vgl. Zeichnung rechts).

Im Handel werden die verschiedensten auf die Ansprüche der einzel-

Der halboffene Nistkasten wird von sogenannten Halbhöhlenbrütern gerne bezogen (z. B. Gartenrotschwanz, Grauschnäpper, Bachstelze). Der Schleiereule kann man durch Brutkästen, die in Scheunen und Kirchtürmen angebracht werden, helfen. Auch der Steinkauz hat Wohnungsnot; spezielle Niströhren haben sich sehr bewährt.

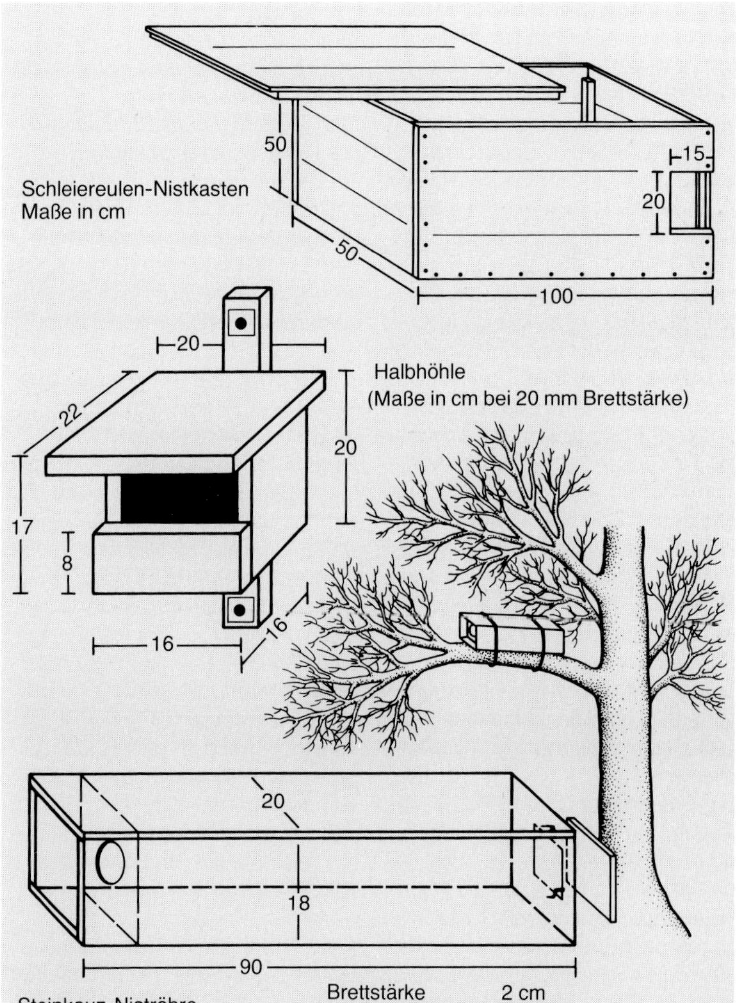
Schleiereulen-Nistkasten
Maße in cm
50
50
100
15
20
Halbhöhle
(Maße in cm bei 20 mm Brettstärke)
20
22
20
17
8
16
16
20
18
90
Steinkauz-Niströhre
Maße in cm
Brettstärke 2 cm
Kontrollöffnung 9 cm
Flugloch 7 cm ∅

nen Arten abgestimmten Modelle auch aus einem Gemisch angeboten, das man als Holzbeton bezeichnet. Solche Modelle sind leider recht teuer, aber in der Regel länger haltbar als Holzkästen. Einige Bewohner von Holzbetonkästen stellen die Bilder auf S. 84 vor. Billige Nistgeräte aus Plastik, die immer wieder angeboten werden, sind aus verschiedenen Gründen sinnlos. Ein Nistkasten muß z. B. »atmen« können.
Nistkästen hängt man am besten so auf, daß sie nicht allzusehr dem Wetter ausgesetzt sind und auch die brütenden und fütternden Altvögel möglichst wenig gestört werden. Unmittelbar an viel befahrenen Straßen oder Wegen mit Publikumsverkehr hat ein Nistkasten wenig Sinn. Im Wald findet man leicht geeignete Stellen, im Garten oder Park ist es da oft schon schwieriger. Für Bachstelze, Hausrotschwanz, Grauschnäpper und einige andere Arten kann man Nistkästen auch an der Hauswand oder unter dem Dach anbringen.
Zur Kontrolle nach der Brutzeit und Säuberung der Kästen (die allerdings keineswegs zwingend notwendig ist) sollte eine Wand leicht abnehmbar sein. In einem abgezäunten Grundstück kann man Kästen so aufhängen, daß sie ohne Leiter leicht erreichbar sind. Besonders in offenem Gelände oder an der Hauswand sollte das Einflugloch nicht genau nach der Wetterseite gerichtet sein. Eindringender Regen kann Vogelbruten leicht durch Unterkühlung vernichten.
Man beginnt mit dem Aufhängen der Nistkästen am besten im Herbst. Meisen suchen nicht nur oft schon sehr zeitig im Frühjahr nach Nistgelegenheiten, sondern übernachten im Winter auch gern in Kästen, ebenso Kleiber. Man braucht deshalb in die Kästen aber keine Polsterung einzubringen. Leere Kästen werden von winterlichen Übernachtungsgästen vorgezogen.
Nistkästen für höhlenbrütende Singvögel haben fast überall Erfolg. Mehr über die Verbreitung und die Lebensraumansprüche muß man wissen, wenn man mit Erfolg Kästen für höhlenbrütende Eulen (z. B. Steinkauz, Waldkauz, Rauhfußkauz), Hohltaube oder Gänsesäger einsetzen will. Steinkäuze ziehen lange röhrenförmige Kästen vor (vgl. Zeichnung S. 137); man kann ihm auch durch sinnvolles Beschneiden wieder Kopfweidenbestände in der Landschaft anbieten, die auch von manchen anderen Arten (z. B. Stockente, Gänsesäger, Wiedehopf) als Brutplatz benützt werden.
Viele Brutplätze der Schleiereule auf Dorfkirchentürmen gingen dadurch zugrunde, daß Schallöcher für die Kirchenglocken vergittert wurden, um zu verhindern, daß Tauben ein-

Nisthilfen für Vögel

Bachstelze	Nistkasten offen
Baumfalke	Nistkorb
Baumläufer	Nistkasten mit Seitenschlitz
Blaumeise	Nistkasten, Rundloch
Dohle	großer Nistkasten, Mauerlöcher
Eisvogel	künstliche Niströhre
Feldsperling	Nistkasten, Rundloch
Flußregenpfeifer	Nistinsel, Nistfloß mit Kies
Flußseeschwalbe	Nistinsel, Nistfloß mit Kies
Gänsesäger	sehr großer Nistkasten
Gartenrotschwanz	Nistkasten offen oder ovales Flugloch
Gebirgsstelze	Nistbrettchen
Grauschnäpper	Nistkasten offen
Halsbandschnäpper	Nistkasten, Rundloch
Hausrotschwanz	Nistkasten offen
Hohltaube	großer Nistkasten, Rundloch
Kleiber	Nistkasten, rundes oder ovales Loch
Kohlmeise	Nistkasten, Rundloch
Lachmöwe	Nistfloß
Mauersegler	Spezialkasten unterm Dach
Mehlschwalbe	Kunstnest, Nistbrettchen
Rauchschwalbe	Kunstnest, Nistbrettchen
Rauhfußkauz	großer Nistkasten, Rundloch
Schleiereule	große Brutkiste für Innenräume
Schellente	großer Nistkasten
Star	Nistkasten, Rundloch
Steinkauz	Niströhre
Stockente	Nistkorb, Nistkiste
Sumpfmeise	Nistkasten, Rundloch
Tannenmeise	Nistkasten, Rundloch
Trauerschnäpper	Nistkasten, Rundloch
Turmfalke	Nistkasten offen, Nistkorb
Uferschwalbe	Steilwand abgraben
Waldkauz	großer Nistkasten, Rundloch
Waldohreule	Nistkorb
Wasseramsel	Nistbrettchen, Spezialkasten
Weißstorch	Kunstnest, stabile Nestplattform
Wendehals	Nistkasten, Rundloch
Wiedehopf	großer Nistkasten, Rundloch

dringen und die Glockenstühle verschmutzen. Damit waren auch die Schleiereulen von ihren Brutplätzen ausgeschlossen. Geeignete Brutkästen mit nach außen offenem Einflugloch können für die Schleiereule die Lösung der Probleme bieten; ähnliche Kästen wie auf S. 137 abgebildet lassen sich auch auf Scheunen- oder Dachböden anbringen.
Vor allem in Städten, aber auch an vielen technischen Bauten, haben sich halboffene Kästen für Turmfalken sehr bewährt. Sie sehen etwa so aus wie der Holzkasten auf S. 137 für Rotschwänze und Bachstelze, fordern aber etwa doppelte Maße.
Halboffene Kästen oder auch nur einfache Brettchen als Unterlage kann man für die Wasseramsel unter Brücken oder an Uferböschungen anbringen.

Nisthilfen: Vom Korb bis zum Floß
Findige Vogelschützer haben für viele Vogelarten eine Reihe von Hilfsmethoden entwickelt, Brutgelegenheiten zu verbessern oder neu zu schaffen. Nicht alle freilich sind überall sinnvoll; manche haben auch das Stadium des Experiments noch nicht hinter sich.
Schwalben haben oft Probleme, Baustoffe für ihre Mörtelnester zu finden oder sie an glattem Verputz zu befestigen. Kunstnester aus Holzbeton für Rauch- und Mehlschwalben sind seit langem im Handel. Stützbrettchen bieten eine sichere Neststütze, auf die gebaut werden kann. Ein paar schlammige Pfützen im Frühjahr (notfalls Wasser nachschütten) liefern geeigneten Baustoff.
Waldohreule, Baum- und Turmfalke bauen keine eigenen Nester und sind auf alte Krähen- und Elsternnester angewiesen. Korbböden, am besten mit etwas Reisig ausgelegt, haben sich als Kunstnester bewährt. Alten Storchennestern kann man mit kreisförmigen Plattformen, die allerdings sehr stabil sein müssen, einen Fortbestand sichern. Die meisten Störche Mitteleuropas werden heute auf künstlichen Nestunterlagen, auf die Jahr für Jahr neue Reiser aufgetürmt werden, erbrütet. Auch Graureihern hat man mit Erfolg schon künstliche Nestunterlagen angeboten.
Körbe und nach vorne offene Kästen werden häufig auch Enten als Nisthilfe angeboten, doch dürfte im Binnenland wohl nur die Stockente häufiger davon Gebrauch machen. An der Küste hat man z. B. Eiderenten, Brandenten und Mittelsägern mit einfachen Kästen oder kleinen Bretterwänden geschützte Nistplätze mit Erfolg angeboten.
Viele der komplizierteren Nisthilfeprojekte erfordern Gemeinschaftsarbeit und manchmal auch Mithilfe von Behörden und bedürfen selbstverständlich auch der Zustimmung

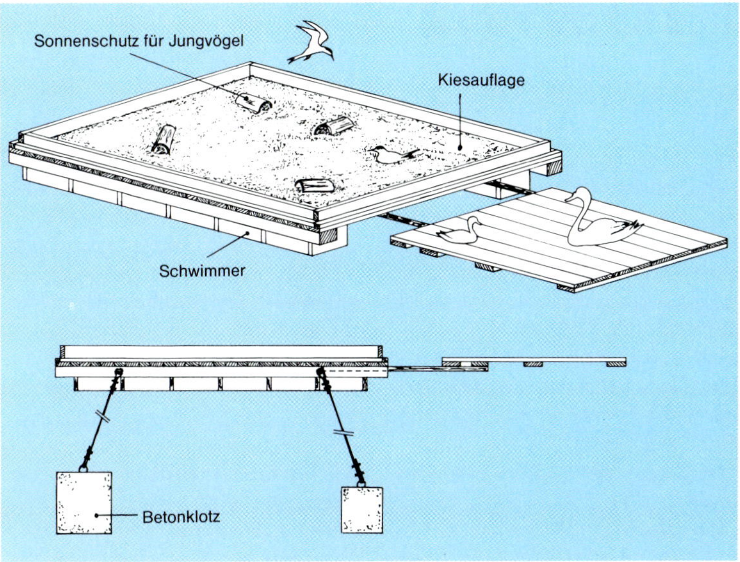

Beispiel eines schwimmenden Nistfloßes für Seeschwalben und Regenpfeifer mit einem angehängten Ruheplatz für Enten, das an zwei Betonblöcken verankert ist. Solche Konstruktionen, die den speziellen Gegebenheiten angepaßt sein müssen, haben sich als hervorragende Nisthilfen bewährt.

der Grundbesitzer. Uferschwalben brüten heute fast nur noch in künstlichen Abgrabungen. Werden Kies-, Sand- oder Lehmgruben nicht mehr genutzt, rutschen oft schon nach kurzer Zeit die steilen Böschungen ab. So müssen Steilwände, in die von den Schwalben die Niströhren gegraben werden, von Zeit zu Zeit unter Einsatz von Maschinen abgegraben bzw. aufgeschoben werden. Auch der Eisvogel läßt sich in künstlich aufgeschobenen Steilwänden ansiedeln, soferne Wasser in der Nähe ist. In zu hartem oder zu lockerem Bodenmaterial kann man auch künstliche Röhren einbauen, die vorher aus widerstandsfähigem Material gegossen wurden.
Viele Wasser- und Sumpfvögel finden heute keinen Platz zur ungestörten Brut mehr, da die Ufer an Still- und Fließgewässern entweder verbaut sind oder vom Rummel der Freizeitbürger gestört werden. In begradigten Flüssen sind Kiesbänke selten geworden. So ist nicht verwunderlich, daß man mit künstlichen Nistinseln, die an geschützten Stellen im Wasser aufgeschüttet werden, oft erstaunliche Erfolge erzielen kann. Wegen des schwankenden Wasserstandes vor allem an vielen Stauseen noch günstiger erweisen sich schwimmende Nistflöße, auf die je nach Zielsetzung Kies, Sand, aber auch Humus aufgetragen wird.
Das große Problem solcher Nistflöße liegt meist darin, daß robuste

oder unerwünschte Arten anderen den knappen Platz streitig machen. So verhindern häufig Enten und vor allem Lachmöwen, daß die als Langstreckenzieher später am Brutplatz eintreffenden Flußseeschwalben noch einen Brutplatz finden. Auf künstlichen Nistinseln und Flößen können z. B. Haubentaucher, Enten, Flußregenpfeifer, Flußseeschwalben, Lach- oder Sturmmöwen brüten.

Ökologie im Garten

Gärten und Privatgrundstücke sind oft zu klein, um selbst einzelnen Vogelpaaren mit ihren Jungen ausreichenden Lebensraum zu bieten. In ihrer Summe aber bilden sie heute einen wichtigen Beitrag zum Überleben vieler Vogelarten. In großen Ballungsräumen oder intensiv genutzten Agrarlandschaften haben sie oft die Funktion regelrechter Lebensinseln übernommen, allerdings nur dann, wenn in ihnen die Natur wenigstens eine kleine Chance bekommt. Der Öko- oder Biogarten hat erfreulicherweise heute eine große Lobby erhalten. Doch nicht alles, was in entsprechenden Ratgebern zu lesen ist oder was in bester Absicht unternommen wird, nützt wildlebenden Tieren wirklich.
Als Grundregel gilt, **der Natur ihren Lauf zu lassen,** so gut es geht, nicht alles ordentlich aufzuräumen und dauernd einzugreifen. Möglichst **keine Gifte** und Unkrautvertilgungsmittel anzuwenden, sollte selbstverständlich sein. Vogelschutz im Garten kann heißen, daß man Büsche und Hecken dicht wachsen läßt, Gräsern die Chance gibt, Samen zu tragen, auch Brennesseln und Disteln bis zur Samenreife stehen läßt, das Fallaub im Herbst nicht restlos beseitigt.
Altes Laub unter Büschen und Bäumen bietet vor allem im Spätherbst und Vorfrühling Amseln, Rotkehlchen, aber auch Kohlmeisen, die dann gern auf den Boden kommen, Möglichkeiten, in kargen Zeiten Nahrung zu finden. **Dichte Hecken und Büsche** sind Voraussetzung für die Ansiedlung von Freibrütern, wie Rotkehlchen, Grasmücken, Gelbspötter, Hänfling, Gimpel oder Singdrossel.
Bei der Bepflanzung von Gartenteilen, die nicht wirtschaftlich genutzt werden, sollten **einheimische Pflanzen** eindeutigen Vorrang erhalten. Schöne, aber sterile Ziersträucher bieten Vögeln meist nicht viel mehr als eine Sitzgelegenheit. Man hat herausgefunden, daß in Parkanlagen mit hohem Anteil an ausländischen Ziersträuchern oder Züchtungen aus dem Versandkatalog selbst robuste Kohlmeisen nicht ausreichend Nahrung finden, um ihre Jungen großzuziehen. Es

Fruchtende Stauden des Mädesüß sind eine beliebte Nahrung für Gimpel, Stieglitz und andere Finkenvögel. Auch im Hausgarten sollte man einheimische Pflanzen im Spätsommer und Herbst für die Vögel stehen lassen.

kommt nicht nur darauf an, daß heimische Insekten und andere Kleintiere von den Pflanzen leben können, sondern daß zu ganz bestimmten Zeiten passende Nahrungstiere in ausreichender Menge zur Verfügung stehen, z. B. kleine Raupen zur Fütterung der Jungmeisen.

Ein Anziehungspunkt für Vögel, besonders im Sommer, ist der Gartenteich. Er wird als Trink- und Badegelegenheit gerne regelmäßig aufgesucht. Er sollte daher ein sehr flach verlaufendes Ufer erhalten, damit auch kleine Arten im Seichtwasser baden und trinken können. Ein großer, flach ins Wasser eintauchender Stein erfüllt denselben Zweck. Kleine flache Wasserschalen werden auch auf Terrassen oder in kleinsten Vorgärten gern als Badegelegenheit angenommen.

Im Lauf einiger Jahre kann man erstaunlich viele Vogelarten selbst in einem kleinen Garten beobachten. Vielseitige Bepflanzung und Gestaltung lädt zu allen Jahreszeiten Vögel zum Verweilen ein. Gärten sind auch interessante Raststation für Zugvögel geworden, vor allem im Häusermeer einer Großstadt. Man sollte also nicht nur an den Frühling und Sommer denken und nicht zu früh mit dem »Herbstputz« beginnen.

Einige wichtige Nahrungspflanzen

Nur wenige Vögel sind reine oder überwiegende Pflanzenfresser. Viele Pflanzen spielen daher in erster Linie über das auf ihnen sich entwikkelnde Kleintierleben eine wichtige Rolle für die Ernährung, besonders natürlich im Sommerhalbjahr. Von Herbst bis Frühling stellen sich aber auch manche Insektenjäger teilweise auf Pflanzennahrung um. Vor allem für Finken sind im Spätherbst und Winter samentragende Stauden, Büsche und Bäume lebensnotwendig. Im Frühjahr macht sich der Gimpel vor allem über Knospen vieler Sträucher und Bäume her und auch die Blütenkätzchen von Hasel, Birke, Erle werden von manchen Arten regelmäßig aufgesucht. Weidenblüten spenden Nektar, von dem z. B. Blaumeise und Zilpzalp regelmäßig schlürfen. Im Frühsommer ist milchreifer Grassamen und die grünen Samen des Löwenzahn eine be-

liebte Nahrung z. B. für Grünling, Stieglitz oder Zeisig.
Die Auswahl von Früchten und Sämereien, die als Vogelnahrung in Frage kommen ist groß. Einige Beispiele:
Fichte und Kiefer: Fichtenkreuzschnabel, Kohl-, Tannen-, Weiden- und Haubenmeise, Buchfink, Stieglitz, Kleiber.
Birke: Birken- und Erlenzeisig, Blaumeise, Gimpel.
Berg- und Feldahorn: Gimpel.
Eberesche: alle Drosseln, Gimpel, Seidenschwanz.
Heckenrose: Grünling, Amsel.
Holunder: alle Drosseln, Mönchs- und Gartengrasmücke, Zilpzalp, Rotkehlchen.
Kornelkirsche: Amsel, Kernbeißer.
Pfaffenhütchen: Rotkehlchen.
Hartriegel: Amsel, Singdrossel, Mönchsgrasmücke, Rotkehlchen.
Mädesüß: Erlenzeisig, Gimpel.
Kratzdisteln: Stieglitz.
Brennessel: Gimpel, Stieglitz.
Goldrute: Girlitz, Erlenzeisig, Stieglitz, Buchfink.

Winterfütterung

Nicht ganz unumstritten ist das beliebte Füttern von Singvögeln in Garten oder Park und von Wasservögeln an der Uferpromenade oder auf dem Parkteich. Auch dabei geraten Vögel in Abhängigkeit vom Menschen, die sich vielleicht einmal für sie sehr nachteilig auswirken kann. Auch befürchtet man eine Übervermehrung von unerwünschten Arten, etwa der Lachmöwen, die sich heute allwinterlich in Massen in den Großstädten durchfüttern lassen.
Die Diskussion um das Vogelfüttern findet ihre Parallele in den heißen Debatten um die Winterfütterung des Schalenwildes. Hier allerdings geht es um das Erhalten eines wichtigen Ökosystems, des Waldes, der die von manchen Jägern gewünschte überhohe Schalenwilddichte einfach nicht mehr verkraftet.
Ernsthafte Schädigung von Lebensräumen durch Vögel, die im Winter gefüttert werden, sind bis jetzt jedenfalls nicht bekannt geworden.
Allerdings neigen manche Tierfreunde zu ausgesprochener Übertreibung. Unüberlegtes massenhaftes Ausstreuen von Körnerfutter für Stadttauben oder kiloweise Brot und Speisereste für Enten, Schwäne und Bläßhühner ins Wasser werfen, hat mit Hilfe für Vögel nichts zu tun, sondern ist nichts anderes als Umweltverschmutzung. Aber auch gut gemeinte Futterhäuschen für Singvögel können zum Ansteckungsherd werden, die vor allem der Verbreitung von Salmonellen Vorschub leisten. Futterstellen, die selten gesäubert und noch im Frühling mit Futter beschickt werden, sind besonders verdächtig.

Der Beitrag, den Winterfütterung zur Erhaltung der meisten Arten leistet, darf nicht überbewertet werden. Es ist ganz natürlich, daß ein ansehnlicher Prozentsatz der Individuen einen Winter nicht überlebt. Er wird übrigens auf lange Sicht nicht sehr viel geringer, auch wenn fleißig gefüttert wird. Fütterung mit Sachverstand kann andererseits sehr wohl eine Hilfe sein, z. B. in besonders harten Kälteperioden oder bei gezielter Förderung bestimmter Arten.
Vogel- und Naturschutzverbände meinen, daß das viele Geld, das alljährlich für die Winterfütterung ausgegeben wird, besser für wichtigere Aufgaben des Artenschutzes eingesetzt werden sollte. Sie haben nicht ganz unrecht, denn es sind in der Tat beträchtliche Summen, die in die Winterfütterung fließen.
Doch ist die Winterfütterung ein Ausdruck der Verbundenheit des Menschen mit der Natur. An Futterplätzen lassen sich Vögel besonders gut beobachten. Die Kenntnis der heimischen Vogelarten aus nächster Nähe führt auch zum Verständnis für Probleme des Vogelschutzes. Vielen Menschen bereitet das Vogelfüttern Freude und Abwechslung; selbst mitten in die Stadt kann man sich so etwas Natur holen.
Gefüttert wird im Winter, am besten nur an kalten Tagen. Zur Brutzeit darf auf keinen Fall gefüttert werden, denn für gedeihliche Jungenentwicklung benötigen fast alle Arten tierische Nahrung.

Kohlmeisen am Futterhaus. Eine Futterstelle verschafft uns viel Freude und Anregung der Naturbeobachtung, doch ist der Sinn der Winterfütterung als Beitrag zum Vogelschutz sehr umstritten.

Am einfachsten ist das Futterrezept für Körnerfresser, also Meisen, Kleiber, Finken, Sperlinge, Buntspecht, Türkentaube. Sonnenblumenkerne,

Hanf, Getreideabfälle oder ein Körnergemisch, wie es auch der Handel anbietet, reichen aus. Ein überdachtes Futterhäuschen oder noch besser ein Behälter, aus dem die Körner bei Bedarf nachrieseln, bietet das Futter an. Meisen, Spechte oder Kleiber gehen auch gern an Rindertalg, den man an Baumstämmen befestigen kann. Ausgelassener Talg vermischt mit Körnern oder Kleie kann man in Blumentöpfe oder andere kleinere Behälter gießen, die man frei schwingend mit der Öffnung nach unten aufhängt. Käufliche Meisenknödel und -ringe erfüllen denselben Zweck.
Weichfresser, z. B. Heckenbraunelle, Rotkehlchen, Drosseln, Baumläufer usw. nehmen Haferflocken, kleingeschnittenes Obst, Rosinen, aber auch getrocknete Beeren (z. B. Weißdorn, Eberesche, Liguster, Mehlbeere, Holunder usw.). Für Wasservögel eignen sich altes Brot und Getreideabfälle. Mit Schlachtabfällen kann man Greifvögel füttern. Eulen lernen, Mäuse aus einer mit Stroh gefüllten Wanne zu fangen.
Im einzelnen geht es nicht nur um mehr oder minder erprobte Rezepte des angebotenen Futters, sondern auch um ökologische Erkenntnisse, wenn Füttern wirklich Sinn haben soll. Der Deutsche Bund für Vogelschutz und der Landesbund für Vogelschutz in Bayern (Adressen S. 183) beraten gerne und haben auch Unterlagen ausgearbeitet, in denen langjährige Erfahrungen ausgewertet worden sind.
Winterfütterung bedeutet immer auch einen Eingriff in die Population der gefütterten Arten und darüber hinaus in das Zusammenleben verschiedener Arten. Manche der liebevoll gefütterten Vögel werden zur Beute anderer. So holen sich oft überwinternde Sperber ihren Anteil an Singvögeln in der Nähe der Futterhäuschen.
Die Winterfütterung in menschlichen Siedlungen führt auch dazu, daß Vögel täglich in Dörfer und Städte einfliegen und vor dem Dunkelwerden wieder an ihre Schlafplätze zurückkehren. Ein solcher Pendelverkehr ist z. B. bei den Lachmöwen und Saatkrähen, die sich tagsüber in der Innenstadt aufhalten und füttern lassen oder sich von Abfällen ernähren, besonders auffällig, wenn am Nachmittag Hunderte in lockerem Strom in eine bestimmte Richtung über die Häuser fliegen. Auch kleine Singvögel sind solche Pendler.
Mancherorts stellen sich Beutegreifer darauf ein, und so holen sich Habicht, Sperber und in der Abenddämmerung Waldkauz und im Gebirge der kleine Sperlingskauz ihren Anteil. Ähnlich ist es bei Wildfütterungen: Hier halten sich oft neben Kleinvögeln auch Mäuse auf, Beute für Greifvögel und Eulen.

Bläßhühner, Höckerschwäne und Reiherenten drängeln sich um eine Futterstelle im Winter. Man kann Wasservögeln durch Fütterung helfen, sollte aber nicht zentnerweise Abfälle ins Wasser kippen. Dies kann nicht nur zur Wasserverschmutzung beitragen; auch Fischer und Jäger beobachten mit gewisser Sorge extreme Konzentrationen von Bläßhühnern und Schwänen an Futterplätzen.

Praktische Hinweise zur Winterfütterung

- Beginn und Ende der Winterfütterung richten sich nicht starr nach dem Kalender, sondern nach den herrschenden Witterungsverhältnissen. Nur bei Dauerfrost und geschlossener Schneedecke sollte gefüttert werden.
- Futterstellen müssen überwacht und kontrolliert werden. Findet man tote Vögel, so liegt der Verdacht auf Salmonellose vor. Dann ist die Fütterung sofort einzustellen, die Futterstelle zu säubern und zu desinfizieren; alle Futterreste müssen entfernt werden. Manche Typen des Krankheitserregers sind auch für den Menschen nicht ungefährlich; daher also Vorsicht beim Anfassen toter Vögel mit schleimigem Ausfluß an Schnabel und Kloake.

Vögel fotografieren

Die Entwicklung der Foto- und Filmtechnik hat es mit sich gebracht, daß sich bei vielen Beobachtern bald der Wunsch regt, wenigstens einen Teil der Beobachtungen im Bild festzuhalten. Grundsätzlich ist dies heute kein Problem mehr, und so wächst die Zahl der Vogelfotografen ständig. Wer allerdings wirklich brauchbare Aufnahmen erzielen will, muß Geld und Zeit investieren. Eine spezielle Foto- oder Filmausrüstung ist teuer. Soll die Anschaffung sinnvoll sein, braucht man so viel Zeit, daß für andere Freizeitbetätigung wohl nicht mehr viel übrig bleibt. Abgesehen davon ist es meistens mit der einmaligen Anschaffung einer teuren Ausrüstung nicht getan. Technische Neuentwicklungen sorgen schon dafür, daß man immer wieder mit Investitionen liebäugelt. Außerdem muß der Vogelfotograf mit sehr hohem Filmverbrauch rechnen, denn viele Aufnahmen gehen daneben oder sind zumindest technisch nicht einwandfrei. Nicht selten muß mehr als die Hälfte des belichteten Filmes weggeworfen werden, vor allem bei Verwendung sehr langer Brennweiten oder Aufnahmen rascher Bewegungen (z. B. fliegender Vögel). Das technisch perfekte Aufnahmematerial ist oft das Ergebnis einer strengen Auslese, die einen großzügigen Umgang mit dem gewiß nicht billigen Filmmaterial voraussetzt.

Vogelaufnahmen in Film und Foto können im wesentlichen drei Zwekken dienen, nämlich der persönlichen Erinnerung, der Dokumentation und schließlich auch der Verwendung in öffentlichen Vorträgen oder zum Druck in Fachzeitschriften, Büchern usw. Doch mit dem letzteren haben wir das Anliegen von Amateuren eigentlich bereits verlassen. Nur soviel sei gesagt, daß auch Fotoamateure sehr wesentliche Beiträge zur Vogelfotografie geleistet haben, und zahlreiche Veröffentlichungen von ihrer ausgezeichneten Arbeit profitieren. Wer sich allerdings auf dem großen Markt behaupten will und auch ökonomische Gesichtspunkte im Auge hat, muß im Profigeschäft mithalten können und sich einer harten Konkurrenz stellen.

Bedeutung der Vogelfotografie

Die Fotografie hat der Vogelbeobachtung viele Impulse gegeben. Wichtige Beobachtungen können festgehalten und dokumentiert werden, so z. B. Seltenheiten oder abnorm gefärbte Vögel, bei deren Bestimmung wir uns nicht ganz sicher sind. Selbst technisch sehr mangelhafte Aufnahmen und Schnappschüsse können u. U. große Bedeutung haben. Entsprechende Vergrößerung und genaue Auswertung geben mitunter interessante Aufschlüsse. Das Bestimmen von Vögeln auf Belegfotos ist zu einem wichtigen Bestandteil der Vogelbeobachtung geworden, denn oft ist ein schlechtes Foto ein besserer Beleg als eine gute Beschreibung. Vor allem kann anhand des Fotos eine außergewöhnliche Erscheinung von Experten in Ruhe geprüft werden. Viele interessante Nachweise über das Vorkommen einzelner Vogelarten wurden durch Fotos schon einwandfrei dokumentiert.

Grundausrüstung zur Vogelfotografie: Spiegelreflexkamera mit möglichst lichtstarkem Teleobjektiv, festes Stativ und wenigstens ein kleines Fernglas als »Sucher«.

Tips für Schnappschüsse

Meist können wir bei unvorhergesehenen Ereignissen und einfacher Kameraausrüstung nicht auf günstige Augenblicke und fotogene Haltung unseres Objektes warten. Daher ein paar ganz allgemeine Tips für Schnappschüsse als Belegfotos: Wenn möglich gleich eine Serie aufnehmen, die den uns interessierenden Vogel von verschiedenen Seiten, in verschiedenen Haltungen oder Bewegungsphasen zeigt. Vergleiche mit der Größe nach bekannten (oder später abzumessenden) Gegenständen auf ein und demselben Bild oder auch vielleicht die gleichzeitige Aufnahme eines bekannten Vogels erleichtert später die Abschätzung der Größenverhältnisse.
Die Möglichkeit der Fotodokumentation mit relativ einfachen technischen Mitteln sind sehr vielseitig. So kann man das Foto zum Zählen und Schätzen von Vogelschwärmen einsetzen, z. B. bei einem fliegenden Vogelschwarm (der vielleicht sogar noch aus verschiedenen Arten zusammengesetzt ist), rastenden Wasservögeln, Brutkolonien von Seevögeln, Möwen oder Seeschwalben usw. Die Dokumentation kann sich auch auf Nester, Neststandorte, Biotope, ebenso wie auf Fraßspuren, Spuren von Nesträubern, Rupfungen usw. erstrecken. Beobachten wir regelmäßig in einem bestimmten Gebiet, so können ein paar Fotos von der jeweiligen Si-

Vögel fotografieren

Gute Fotomöglichkeiten bieten Futterstellen. Mit relativ einfacher Ausrüstung kann man z. B. bei Möwen hübsche Szenen einfangen, ohne die Vögel zu stören. Die Aufnahme der mit Futter abfliegenden Kohlmeise (rechte Seite) setzt komplizierte Apparaturen voraus: Lichtschranke und Elektronenblitz.

tuation des Lebensraumes unsere Aufzeichnungen ergänzen (z. B. Wasserstand, Baumbelaubung, Entwicklung der Staudenflora usw.).

Technische Tips

Für gute und großformatige Vogelfotos müssen wir in der Regel sehr viel näher an das Objekt heran als bei der bloßen Beobachtung. Dieses Problem läßt sich technisch in zweifacher Hinsicht lösen. Lange Brennweiten, also Teleobjektive, überbrücken die Entfernung ähnlich wie ein Feldstecher; ein gutes Versteck läßt uns an den Vogel nahe herankommen. Ideal ist natürlich eine Kombination beider Möglichkeiten. Das Versteck bedarf meist einer sorgfältigen Vorbereitung und Beobachtung des Verhaltens der Vögel, die wir aufnehmen wollen. Damit kann die Vogelfotografie auch unsere Beobachtungen sehr vertiefen; wir sind gezwungen, uns etwas eingehender mit dem Verhalten zu beschäftigen. Als gutes fahrbares Versteck hat sich häufig das Auto erwiesen. Viele Vögel halten das

langsame Heranfahren mit einem Auto relativ gut aus. Natürlich können wir auf diese Weise nur von befahrbaren Wegen aus fotografieren. Die Anlage von Verstecken lohnt sich vor allem bei Vogeltränken und Futterstellen. Wir können auch vor einem geeigneten Versteck, zumindest außerhalb der Brutzeit, Vögel anfüttern, um sie nahe genug vor die Kamera zu bekommen. Nichts zu suchen haben in der Regel Fotoverstecke in der Nähe von Vogelnestern. Durch rücksichtslose Tierfotografen sind schon viele Vogelbruten zugrunde gegangen. Das hat dazu geführt, daß verantwortungsbewußte Tierfotografen heute bei kritischen und seltenen Arten überhaupt keine Nestfotos mehr anfertigen. Meist liegt auch bereits genügend Bildmaterial in den Archiven vor. Wer am Nest Vögel fotografieren will, muß sich ferner mit den betreffenden gesetzlichen Bestimmungen vertraut machen. Nicht überall und nicht bei jeder Vogelart ist das Fotografieren am Nest gestattet. An Horsten von Seeadlern, Steinadlern, Wanderfalken, Kranichen oder Wiesenweihen und anderen bei uns sehr selten gewordenen Arten sind Fotoarbeiten nicht mehr zu verantworten. Das soll nicht heißen, daß solche Arten überhaupt nicht mehr fotografiert oder gefilmt werden können. Es gibt genug Gelegenheiten auch abseits vom Nest.

Vögel fotografieren

Man muß sich eben etwas einfallen lassen. Hervorragende Fotos sind z. B. von Seeadlern aus dem Versteck am ausgelegten Luder gemacht worden. Singvögel, die ein Nest anfliegen, benützen meistens ganz bestimmte Anflugschneisen oder Sitzwarten, bevor sie in das Nest einfliegen. Einige der Aufnahmen dieses Buches, die Altvögel mit Futter zeigen, sind so entstanden.

Wo können wir fotografieren?

Wer gute Vogelfotos machen will unter Beachtung des Grundsatzes jedes verantwortlichen Tierfotografen, die Vögel so wenig zu stören wie irgend möglich, muß mit dem Verhalten der Vögel gut vertraut sein. Wie beim reinen Beobachten auch empfiehlt es sich, zunächst einmal mit dem Fotgrafieren von Vögeln dort zu beginnen, wo sie ganz nah und ungestört an den Menschen herankommen, nämlich an den Futterstellen im Winter. Dort ergibt sich bereits eine Vielzahl von Möglichkeiten zu ganz ausgezeichneten und interessanten Fotos und Filmaufnahmen. Auch im Park oder Garten lassen sich u. U. sehr schöne und interessante Aufnahmen machen mit Vögeln, die uns gegenüber relativ vertraut sind. Übrigens ist es oft gar nicht so einfach, von ganz alltäglichen Vögeln gute Fotos und Filme herzustellen. Mit Sicherheit existieren sehr viel weniger gute Fotos vom Haussperling als von Säbelschnäbler oder Brandseeschwalbe.

Ausrüstung

Es ist unmöglich, hier verbindliche Ratschläge zu geben. Am besten wird man mit einer der modernen Spiegelreflexkameras zurechtkommen, bei der Objektive rasch auszuwechseln sind. Automatische Belichtung (etwa bei Blendenvorwahl mit Springblende), aber auch die Möglichkeit, die Belichtung selbst einzustellen, gegebenenfalls mit absichtlicher Unter- oder Überbelichtung (für fliegende Vögel gegen hellen oder dunklen Hintergrund wichtig) erleichtern die Arbeit. Für fast alle Vogelaufnahmen sind längere Brennweiten über 200 mm unerläßlich. Will man Vögel in Bewegung (z. B. im Flug) aufnehmen, ist daran zu denken, daß wir nur mit kurzen Verschlußzeiten arbeiten können. Dies wiederum hat zur Folge, daß die größte Blendenöffnung nicht zu klein sein soll. Sehr lange Brennweite erfordert in der Regel Stative, um beim Auslösen nicht zu verwackeln. Für die Aufnahme fliegender Vögel haben sich Schulterstative eingebürgert. Hier ist aber zu bedenken, daß das Scharfeinstellen bei Objekten, die sich sehr rasch aus dem Schärfentiefenbereich entfernen,

Dieses meisterhafte Foto eines Eisvogels bei der Fütterung seiner flüggen Jungvögel (oben) erfordert umfassende technische Ausrüstung und jahrelange Vorbereitung. Der perfekt getarnte Fotoansitz (unten rechts) wird von den Vögeln gar nicht mehr als Fremdkörper erkannt; der Einsatz von Nahrungsfischchen lockt schließlich die Eisvögel in den Bereich der Kamera.
Einerseits erleichtert die Technik das Fotografieren immer mehr, andererseits wachsen die Ansprüche an gute Vogelfotos für eine Veröffentlichung. Für den Vogelbeobachter kommt daher die Fotografie in erster Linie als Dokumentationsmöglichkeit in Betracht.

schnell gehen muß. Meist sind Systeme, bei denen durch Drehen am Objektiv die Scharfeinstellung bewirkt wird, im Nachteil gegenüber sogenannten Schnellschußobjektiven, bei denen eine Art Pistolengriff innerhalb eines gewissen Spielraums die Schärfe rasch regulieren läßt. Bei der Verwendung von Schnellschußobjektiven empfiehlt sich auch ein kleiner Motor (sogenannter Winder), der den Film nach jedem Auslösen weitertransportiert, so daß die Hände nicht von der Scharfeinstellung bzw. vom Schulterstativ genommen werden müssen. Mit Hilfe eines kleinen Motors lassen sich auch Serienaufnahmen herstellen, die nicht nur Bewegungsabläufe sehr schön zeigen können, sondern uns auch helfen, bei raschen Bewegungen und Ortsveränderungen wenigstens einige scharfe Aufnahmen zu erhalten.
Neuerdings sorgen Autofocus-Kameras, Zoom-Objektive und Spiegel-Teleobjektive für weitere Erleichterungen, die vor allem bei raschen Dokumentationen nützlich sind.
Der Motor eröffnet auch eine dritte Möglichkeit, die Entfernung zum Vogel zu überbrücken, nämlich durch Fernauslöser. Ein langes Kabel zum Auslöser des Motors gestattet uns, aus sicherer Entfernung die Kamera auszulösen, ohne daß wir jedesmal wieder den Film transportieren müssen und den Vogel dadurch stören. Wenn wir allerdings mit der Kamera den Vögeln zu nahe rücken, kann mitunter das Geräusch des Auslösers oder des Filmtransports die Vögel erschrecken. Wir erhalten dann bei ungedeckter Kamera vor Schreck flatternde Vögel oder nur noch einen unscharfen Schatten des weghuschenden Vogels.
Die Verwendung von Blitzgeräten ist häufig notwendig; Vögel fühlen sich dadurch im allgemeinen nicht gestört.
Die Möglichkeiten, die von der Technik der Vogelfotografie heute angeboten werden, können die vorstehenden Bemerkungen nicht annähernd erschöpfen. Man wird sich, wenn man an die Anschaffung einer Fotoausrüstung geht, bei Fachfotografen unbedingt Rat einholen und die Firmenkataloge sorgfältig studieren müssen. Grundsätzlich sollte man aber bei der Wahl für ein bestimmtes Kamerasystem immer mögliche Ausbaumöglichkeiten für später beachten. Dies gilt nicht nur für die Wahl von Objektiven unterschiedlicher Firmen, sondern auch für viele andere Zusatzmöglichkeiten. Erfolgreiche Vogelfotografie hängt aber nicht allein von der Ausrüstung, sondern sehr wesentlich davon ab, ob man die Vögel und ihre Lebensäußerungen gut kennt. Nur gute Vogelbeobachter können auch gute Vogelfotografen sein.

Einteilung

Bei der Durchsicht eines Bestimmungsbuches können wir feststellen, daß jeweils ähnliche Vögel zu Gruppen zusammengefaßt sind. Ihre Reihenfolge, aber mitunter auch die Zugehörigkeit einzelner Arten zu bestimmten Gruppen, ist allerdings in verschiedenen Übersichten nicht immer genau gleich, wenn auch in der Vogelwelt Europas solche Differenzen meist verhältnismäßig gering sind. Am häufigsten wird man noch bei den Singvögeln unterschiedliche Anordnung und Gruppierung in den einzelnen Bestimmungsbüchern finden, was beim Aufsuchen einzelner Arten oft ärgerlich sein kann. Die Gliederung der Vögel ist nun mal noch nicht abgeschlossen; neue Erkenntnisse machen Änderungen notwendig. Ob man sich einmal auf ein allgemeines, verbindliches System für die Praxis einigen kann, ist ungewiß. Vögel lassen sich grundsätzlich nach ganz verschiedenen Gesichtspunkten einteilen, z. B. nach dem Lebensraum, den sie bewohnen. Man könnte also Wasservögel, Waldvögel, Bergvögel, Gartenvögel usw. unterscheiden. Eine solche Einteilung hat aber den großen Nachteil, daß der Platz vieler Vogelarten nicht leicht zu bestimmen ist, und manche Arten eigentlich in mehreren Gruppen unterzubringen wären. Die Gliederung ist also nicht eindeutig und im allgemeinen recht unscharf. So hat man sich im wesentlichen darauf geeinigt, Vögel (wie andere Lebenwesen auch) nach dem Grad ihrer Ähnlichkeit zu ordnen. Maßgebend sind Ähnlichkeiten des Körperbaus und der Lebensweise oder des Verhaltens; neuerdings untersucht man auch Ähnlichkeiten in der chemischen Zusammensetzung von Körpersubstanzen. Ein Gliederungsprinzip, das sich nach der Ähnlichkeit richtet, leuchtet ein. Doch entstehen Probleme, welche Merkmale für solche Ähnlichkeitsvergleiche herangezogen werden sollen, und wie gefundene Übereinstimmung und Ähnlichkeiten zu werten sind. Es zeigt sich nämlich, daß die Träger eines gemeinsamen Merkmales sich oft in anderen gewaltig unterscheiden. Welche Merkmale soll man also zur Einteilung auswählen? Ganz abgesehen davon sind die uns heute bekannten Vogelarten das Ergebnis einer Entwicklung, der Evolution, die mit dem heutigen Tag nicht aufgehört hat. Wir müssen also damit rechnen, Vögeln zu begegnen, die sich nicht eindeutig der ein oder anderen Gruppe zuordnen lassen, die gewissermaßen Bindeglied zwischen zwei oder mehreren Gruppen darstellen. Auch hat niemand die Geschichte der Vögel exakt verfolgen können. Wir sind auf spärliche

Systematik der Vögel

Indizien aus früheren Erdepochen und auf mehr oder minder gut begündete Rückschlüsse nach genauen Beobachtungen der heutigen Vögel angewiesen, wenn wir ihre Entstehung und damit auch ihre Verwandtschaftsverhältnisse rekonstruieren wollen. Miteinander verwandt sein bedeutet ja, gemeinsame Vorfahren zu besitzen. Die Stammbäume der Vögel, die uns gemeinsame Vorfahren enthüllen, sind noch lange nicht komplett. Wenn wir also eine sinnvolle Einteilung für den praktischen Gebrauch suchen, werden wir uns nach gemeinsamen Merkmalen umsehen müssen, die uns erlauben, in die große Zahl der Vögel etwas Ordnung zu bringen, so daß wir den Überblick behalten. Wir müssen dabei nicht von vorne anfangen, denn seit es wissenschaftliche Vogelkunde gibt, haben sich viele Forscher mit der Einteilung der Vögel befaßt und Ordnungssysteme entwickelt. Wir können also auf vielen Erfahrungen aufbauen, müssen allerdings damit rechnen, daß immer wieder Umgruppierungen notwendig sind, wenn sich neue Gesichtspunkte der Ähnlichkeit und ihrer Wertung ergeben.

Vogelarten

Fangen wir bei der Einteilung ganz unten an. Wir sprechen, wenn wir verschiedene Vögel meinen, in der Regel von Vogelarten. Wir beziehen uns damit auf eine Gruppe gleich oder zumindest sehr ähnlich aussehender und sich verhaltender Vögel. Dabei dürfen wir aber die Genauigkeit nicht zu weit treiben, denn Männchen und Weibchen oder Jungvogel einer Art sehen ja oft ganz verschieden aus. Bei Habicht und Sperber sind z. B. die Weibchen erheblich größer als die Männchen, bei Auerhuhn oder Fasan ist es umgekehrt. Daß wir solche unterschiedlichen Vögel dennoch zu einer Art zählen, hängt damit zusammen, daß sie sich miteinander fortpflanzen. Sie gehören zu einer Fortpflanzungsgemeinschaft. Die Art kann auf Dauer nur dann bestehen bleiben, wenn in einem Raum ausreichende Zahl von Männchen und Weibchen, aber auch von Jung- und Altvögeln (also mehrere Generationen) in ausgewogenem Verhältnis (das bei einzelnen Arten ganz verschieden sein kann) vorhanden sind. Ein solches Kollektiv nennt man **Population.** Man kann von der Meisenpopulation eines Waldstükkes sprechen, aber auch z. B. von der Graureiherpopulation Süddeutschlands oder der Stockentenpopulation Europas usw. Eine Art besteht also aus Populationen. Die Angehörigen verschiedener Populationen sind alle untereinander fortpflanzungsfähig. Eine Rauchschwalbe aus Frankreich könnte also ohne weiteres mit einem Part-

ner aus Nordwestdeutschland oder Skandinavien Junge groß ziehen. Wenn wir allerdings Arten genauer untersuchen, die ein sehr großes Gebiet besiedeln, z. B. von Nordafrika bis an den Polarkreis oder ganz Eurasien vom Atlantischen bis zum Pazifischen Ozean, dann ist es sehr wahrscheinlich, daß viele regionale Populationen gar nicht mehr miteinander in Berührung kommen. Ferner ist zu erwarten, daß die einzelnen Populationen unter verschiedenen Bedingungen leben, denen sie sich anpassen müssen. In Skandinavien ist der Kiebitz z. B. Zugvogel. In Westeuropa dagegen (z. B. Großbritannien, Irland und Frankreich) liegen die wichtigsten Überwinterungsgebiete, und die dort brütenden Kiebitze sind Stand- bzw. Strichvögel. Ähnliche Beispiele unterschiedlichen Zugverhaltens auf relativ engem Raum gibt es viele; wenn wir größere Gebiete vergleichen, dann sind sie sogar die Regel. Solche Unterschiede sind aber nicht einfach angenommene Gewohnheiten je nach Lage des Gebiets, sondern z. T. im Erbgut verankert. Damit unterscheiden sich also die Populationen einer Art in bestimmten Merkmalen, die über Generationen hinweg vererbt werden. Manche dieser Merkmale sind so auffällig, daß wir bereits auf den ersten Blick Unterschiede im Aussehen erkennen.
So haben die Trauerbachstelzen Großbritanniens viel mehr Schwarz am Kopf als unsere mitteleuropäischen Bachstelzen. Bei der Schafstelze gibt es in Europa mehrere Populationen, deren Männchen im Brutkleid sich deutlich unterscheiden lassen: Die englische Schafstelze hat einen olivgrünen Oberkopf mit gelbem Überaugenstreif und gelber Kehle, die spanische einen dunkelgrauen Kopf mit kurzem weißem Überaugenstreif und weißer Kehle; mitteleuropäische Schafstelzen dagegen haben einen grauen Oberkopf, weißen Überaugenstreif und gelbe Kehle, skandinavische einen dunkelgrauen Oberkopf ohne weißen Überaugenstreif mit gelber Kehle und schließlich die südosteuropäischen einen schwarzen Oberkopf mit gelber Kehle ohne weißen Überaugenstreif usw. Man kann z. B. auf dem Frühjahrsdurchzug unter großen Schafstelzenschwärmen verschiedene Färbungstypen in einem Trupp entdekken und auch Individuen, die man weder der einen noch der anderen Gruppe sicher zuordnen kann. Die verschiedenen Schafstelzen gehören alle zu einer Art, d. h. sie können sich miteinander fortpflanzen und daher auch vermischen. Solche Mischzonen zwischen unterschiedlichen Populationen treten in der Natur regelmäßig dort auf, wo verschiedene Formen aufeinander tref-

fen. Dies ist z. B. bei Raben- und Nebelkrähe in Mitteleuropa der Fall. Auch hier handelt es sich um Populationen einer Art; Nebelkrähen brüten z. B. in Osteuropa und südlich der Alpen in Italien, Rabenkrähen in Mittel- und Westeuropa. Zwischen beiden Formen gibt es eine Übergangszone, in der nicht nur beide nebeneinander vorkommen, sondern sich auch miteinander vermischen. Raben- und Nebelkrähe verhalten sich also dort wie eine einzige Art, sie bilden miteinander eine Fortpflanzungsgemeinschaft, aus der Mischlinge hervorgehen.

Unterarten, geographische Rassen

Populationen einer Art, die sich in kleinen Merkmalen unterscheiden, aber sich im Falle ihres Zusammentreffens ohne Einschränkung miteinander fortpflanzen können, bezeichnet man als Unterarten oder geographische Rassen. Raben- und Nebelkrähe sind also zwei Unterarten der Art Aaskrähe; die verschiedenen Schafstelzen bilden Unterarten der Art Schafstelze. In vielen Fällen sind die Unterschiede zwischen geographischen Rassen so gering, daß wir sie im Freiland gar nicht feststellen können (z. B. kleine Größenunterschiede). In den eben beschriebenen Fällen lassen sich jedoch die Angehörigen verschiedener Unterarten an den Merkmalen der Gefiederfärbung trennen. Man würde Raben- und Nebelkrähe ohne weiteres für verschiedene Arten halten. Doch verschiedene Arten können, da sie sich nicht miteinander fortpflanzen, nebeneinander im gleichen Gebiet unvermischt vorkommen. Unterarten schließen sich dagegen geographisch aus, sie können nur dann auf Dauer nebeneinander existieren, wenn sie nicht zusammenkommen, denn sonst gibt es Mischlinge und die Unterschiede verwischen sich. Das schließt freilich nicht aus, daß z. B. Nebelkrähen aus dem Osten in Mitteleuropa als Wintergäste auftreten im Gebiet der Rabenkrähe. Sie ziehen aber dann zur Fortpflanzung wieder in ihre Heimat zurück.
Im allgemeinen braucht sich der Vogelbeobachter mit dem Problem der Unterarten nicht herumzuschlagen, da in Mitteleuropa nur innerhalb weniger Arten die Unterschiede so groß sind, daß sie für die Freilandbeobachtung eine Rolle spielen. Bachstelze, Schafstelze und Aaskrähe sind die bekanntesten Beispiele. Beim Tannenhäher kommt gelegentlich als Invasionsgast aus dem Osten im Winter eine Unterart zu uns, die einen dünneren Schnabel als die in Mitteleuropa brütenden Tannenhäher besitzt. Ein interessantes Beispiel ist auch die Weidenmeise, die in Mitteleuropa eine Tiefland- und eine Gebirgsrandras-

Zwei Unterarten des Blaukehlchens: Links das weißsternige Blaukehlchen *(Luscinia svecica cyanecula),* das in Mitteleuropa brütet. Rechts das rotsternige Blaukehlchen *(Luscinia svecica svecica),* das man bei uns gelegentlich auf dem Durchzug beobachten kann; seine Brutheimat liegt aber in Skandinavien.

se ausgebildet hat. Beide sehen völlig gleich aus, unterscheiden sich aber im Gesang und in der Biotopwahl. Die Alpenrasse ist keine »Weiden«-meise; sie besiedelt dichte Bergfichtenwälder; wer nur den Gesang der Tieflandrasse kennt, wird zunächst glauben, er habe bei einer singenden Alpenmeise eine völlig neue Art vor sich. Wenn wir unsere Beobachtungen über ganz Europa ausdehnen, werden wir bei einer Reihe weiterer Arten gewisse Unterschiede feststellen, sei es im Gesang, im Aussehen oder in der Wahl der Brutstätten und Lebensräume. Nicht alle diese Unterschiede sind freilich so gravierend, daß wir schon von Unterarten sprechen können. Immerhin wird aber deutlich, daß auch innerhalb einer Art die Anpassungen an unterschiedliche Lebensbedingungen sehr vielseitig und vor allem von Gegend zu Gegend verschieden sein können.

Gattungen

Mehrere ähnliche Arten faßt man herkömmlicherweise zu Gattungen zusammen. Im Unterschied zur Art, die eine natürliche Einheit, nämlich die Fortpflanzungsgemeinschaft vieler Individuen bildet, ist die Gattung ein Gebilde, das von den Wissenschaftlern zur Zusammenfassung ähnlicher Arten geschaffen worden ist. Man kann sehr unterschiedlicher Auffassung darüber sein, wie groß solche Gattungen sein sollen, und welche Arten man in einer Gattung zusammenfaßt. Interessant ist aber, daß es sehr häufig von einem Grundtyp verschiedene Ausgaben in der Natur gibt, die ganz offenbar auch auf gemeinsame Vorfahren zurückgehen. Somit ist die Gattung also nicht nur ein blutleeres künstliches Gebilde, sondern zeigt uns, welche Arten einander besonders ähnlich und daher auch wohl miteinander verwandt sind. Alle unsere Meisen werden in einer Gattung zusammengefaßt. Dabei stellen wir allerdings fest, daß sich einige besonders ähnlich sind, wie z. B. Kohl- und Tannenmeise oder Weiden- und Sumpfmeise, andere deutlich im Aussehen davon abweichen. Alle Meisen aber sind Höhlenbrüter, legen sehr ähnlich gefärbte Eier und ähneln sich auch sonst in ihrer Lebensweise (z. B. Nahrungswahl) außerordentlich. Trotz äußerer Unterschiede ist es also berechtigt, sie in einer Gattung zusammenzufassen. Die Schwanzmeise hat jedoch mit dieser Gattung nichts zu tun. Sie sieht nicht nur ganz anders aus, sondern ist z. B. kein Höhlenbrüter und weist auch sonst viele Unterschiede zu den gemeinsamen typischen Meisenmerkmalen auf.

Familie

Über die Gattung hinaus beginnt dann die Grobeinteilung der Vögel, die wir hier nur ganz kurz abhandeln wollen. Mehrere Gattungen kann man zu einer Familie zusammenfassen. Im lateinischen Namen ist die Familie immer mit der Endung -idae gekennzeichnet. Die Familie der Rabenvögel, also der Corvidae, umfaßt z. B. die Gattungen *Garrulus* (Häher), *Pica* (Elster), *Nucifraga* (Tannenhäher), *Corvus* (Krähen) u. a. Manche Vogelfamilien bestehen aus sehr verschiedenartigen Gattungen, manche sind eindeutig gekennzeichnet. Man muß sich allerdings auch hier vor äußeren oder scheinbaren Ähnlichkeiten vorsehen. Gut abgegrenzte Familien sind z. B. Schwalben (Hirundinidae) oder Tauben (Columbidae), andererseits gehören z. B. Gänse, Schwäne, Enten, Säger zu einer einzigen Familie, obwohl die Vögel einander recht unähnlich zu sein scheinen.

Ordnung

Mehrere Familien faßt man schließlich zu einer Ordnung zusammen. So werden z. B. von den Systematikern alle Singvögel für so ähnlich betrachtet, daß sie zu einer Ordnung der Singvögel zusammengefaßt und den anderen Arten gegenübergestellt werden. Damit sind die Singvögel die artenreichste Vogelordnung der Welt, denn sie umfas-

sen etwa die Hälfte der heute bekannten Vogelarten.
Beispiele für Ordnungen:
Schreitvögel: Störche, Löffler – Wat- und Möwenvögel: Strandläufer, Schnepfen, Säbelschnäbler, Möwen, Seeschwalben, Alken – Tauben – Spechte usw.
Gattungen, Familien, ja selbst Ordnungen können u. U. nur aus einer einzigen Art oder aus jeweils sehr vielen Arten bestehen. Das hängt damit zusammen, daß die Natur von bestimmten Typen sehr zahlreiche einzelne Ausführungen hervorgebracht hat (wie z. B. bei den Singvögeln), bei anderen dagegen nur ganz wenige (z. B. Wiedehopf). Oft ist es auch so, daß eine bei uns sehr artenarme Gattung oder Familie ihren Schwerpunkt in anderen Klimazonen hat und dort viel mehr Arten leben, die zur gleichen systematischen Einheit gehören (z. B. Eisvögel, Bienenfresser, Pirole).

Vogelnamen

Der deutsche Namensbestandteil »Meise« im Namen der Schwanzmeise (s. o.) ist kein Hinweis auf wirkliche Ähnlichkeiten. Solche Beispiele gibt es viele. So sind z. B. Bläßhuhn und Teichhuhn keine Hühner, ist der Wespenbussard kein Bussard (obwohl sein Flugbild einem Bussard zum Verwechseln ähnlich sein kann), der Fischadler kein Adler, die Nachtschwalbe keine Schwalbe usw. Es gibt also viele deutsche Namen, die zwar Ähnlichkeiten andeuten, aber eben gravierende Unterschiede übersehen. Viele solcher Namen sind schon sehr alt und stammen aus einer Zeit, in der man Tiere sehr oberflächlich beobachtet und daher auch gravierende Unterschiede übersehen hat. Daher versuchen einige Ornithologen neuerdings, die alten deutschen Namen den richtigen Ähnlichkeitsverhältnissen anzupassen. Sie schlagen z. B. vor, nicht mehr »Bläßhuhn« zu sagen, statt dessen »Bläßralle«. Wenn man dies Prinzip aber exakt durchhält, dann müssen viele alte deutsche Vogelnamen verschwinden. Die Verwirrung wird sicher durch die Einführung zahlreicher neuer Namen sehr viel größer. Ein Vogel wie die Nachtschwalbe würde nach diesem Prinzip dann ganz ohne Namen dastehen, denn sie ist weder eine Schwalbe, noch kann man auch den anderen Namen Ziegenmelker gebrauchen. Denn Nachtschwalben melken nun mal keine Ziegen, wie ein alter überlieferter Aberglaube wissen will. Wenn also jeder Vogelname eine bestimmte Bedeutung haben sollte, dann müßten viele Vögel umbenannt werden. Für uns sind Vogelnamen lediglich Bezeichnungen für die einzelnen Vogelformen. Solche Bezeichnungen können nur dann

Systematik der Vögel

Vogelnamen sind oft etwas irreführend. Nur die Sumpfmeise (rechts) ist wirklich eine Meise; die Schwanzmeise (links) gehört in eine ganz andere Vogelfamilie. Sie sieht nicht nur anders aus als die typischen Meisen, sondern baut ein kunstvolles Nest. Alle echten Meisen sind Höhlenbrüter.

eindeutig sein, wenn jeder weiß, welche Vogelart damit gemeint ist. Dies wiederum hängt auch davon ab, daß die eingebürgerten Namen nicht dauernd geändert werden. Mit dem Problem der Vogelnamen müssen wir uns aber noch etwas befassen. Alle europäischen Vogelarten haben ausreichend bekannte deutsche Namen. Für viele Exoten mußten erst in letzter Zeit neue Namen gebildet werden, da sie bisher in unserer Sprache noch nicht benannt worden sind. Es kommt auch vor, daß viele Arten mehrere Namen in einer Sprache haben, z. B. Distelfink = Stieglitz, Dompfaff = Gimpel, Schwarzdrossel = Amsel usw. Die deutschen Namen sind in erster Linie Artnamen. In Ausnahmefällen, wie bei Raben- und Nebelkrähe, sind auch die Unterarten benannt. Auch Gattungen kann man mit einem deutschen Namen bezeichnen, der dann üblicherweise in der Mehrzahl steht, z. B. Meisen, Drosseln, Rotschwänze, Kleiber, Baumläufer usw. Es gibt aber viele Gattungen,

die keinen eigenen deutschen Namen tragen, oder mehrere Gattungen werden unter einem deutschen Namen zusammengefaßt. So spricht man z. B. von Reihern und meint damit verschiedene Reihergattungen, von denen nicht alle einen eigenen deutschen Namen besitzen.
Die Namensgebung in unserer Muttersprache (für andere Sprachen gilt gleiches) ist also nicht immer konsequent und vollständig. Daher sind nicht nur für den internationalen Sprachgebrauch, sondern auch für die zoologische Einteilung der Arten die lateinischen (oder besser latinisierten) Vogelnamen von größter Bedeutung. Auch wenn manche von ihnen für uns regelrechte Zungenbrecher sind, handelt es sich bei ihnen keineswegs um eine Geheimsprache. Das Prinzip ist nämlich recht einfach. Jede Vogelart führt zwei Namen. Der erste Namensbestandteil ist der Gattungsname, der uns anzeigt, zu welcher Gattung die Art gehört. Arten derselben Gattung haben also alle die gleiche Bezeichnung, z. B. *Parus major* = Kohlmeise, *Parus caeruleus* = Blaumeise usw. Manchmal kann es vorkommen, daß Art und Gattungsname gleich ist, z. B. *Ciconia ciconia* = Weißstorch (dagegen *Ciconia nigra* = Schwarzstorch). Unterscheidet man innerhalb einer Art noch Unterarten, so muß man einen dritten Namen anhängen. Das eben erwähnte Beispiel der Krähen würde also folgendermaßen aussehen: Der Gattungsname ist *Corvus* (auch Kolkrabe und Saatkrähe gehören in diese Gattung), der Artname *corone*. *Corvus corone* bedeutet also die Art Aaskrähe. Die Unterart Rabenkrähe heißt *Corvus corone corone,* die Unterart Nebelkrähe *Corvus corone cornix.* Diese etwas umständliche Handhabung der lateinischen Vogelnamen gibt aber eindeutig die Ähnlichkeitsgrade zu erkennen.
Man kann also aus den lateinischen Namen zweier Vogelarten ohne weiteres erkennen, ob sie nach herrschender wissenschaftlicher Meinung zu verschiedenen Arten, Unterarten oder Gattungen zählen.
Wenn Vogelarten, die man bisher zu einer Gattung gezählt hat, im Lichte neuerer Untersuchungen verschiedenen Gattungen zugeordnet werden müssen, dann ändert sich auch deren wissenschaftlicher Name; aber selbstverständlich nur der Gattungsname, also der erste Namensbestandteil. So kann es durchaus vorkommen, daß in verschiedenen Bestimmungsbüchern ein und dieselbe Vogelart einen unterschiedlichen Gattungsnamen aufweist, je nach dem Standpunkt der Autoren. Lange Zeit wurde z. B. der Grünling als Angehöriger einer eigenen Gattung betrachtet und mit dem lateini-

Küstenseeschwalbe. Durch den tiefgegabelten Schwanz entsteht eine Ähnlichkeit mit dem Flugbild einer Schwalbe. Seeschwalben zählen aber zu den Verwandten der Möwen und haben damit im System der Vögel einen Platz, der von den Schwalben weit entfernt ist.

schen Namen *Chloris chloris* bezeichnet. Heute ist man vielfach der Ansicht, daß der Grünling große Ähnlichkeit mit dem Stieglitz und anderen Finkenvögeln besitzt, und stellt ihn daher zusammen mit jenen in die Gattung *Carduelis.* Demnach heißt der Grünling *Carduelis chloris.* Der Gattungsname wird übrigens immer groß, der Artname immer klein geschrieben.

Wenn wir uns manchmal wundern, daß äußerlich sehr unähnliche Vögel einen gemeinsamen Gattungsnamen tragen, dann dürfen wir nicht vergessen, daß die Erforschung gemeinsamer Merkmale sich nicht nur auf die Vogelarten beschränkt, die bei uns vorkommen, sondern natürlich die Vögel der ganzen Welt vergleichend betrachtet werden müssen. Häufig gibt es in anderen Gebieten und Klimazonen Arten, die die scheinbare Lücke zwischen relativ unähnlichen Vögeln, die zu einer Gattung gehören, füllen. Im entgegengesetzten Fall haben äußerlich sehr ähnliche Vögel nichts miteinander zu tun. Schwalbe und Segler ähneln sich grob in ihrer Körperhaltung. Diese Ähnlichkeit hängt aber mit dem gemeinsamen Nahrungserwerb zusammen, nämlich der Jagd nach hoch fliegenden Insekten. In Einzelheiten des Körperbaus und der Lebensweise sind sich Schwalbe und Segler dagegen so unähnlich, daß sie ganz verschiedene Plätze im Ordnungssystem der Vögel zugewiesen bekommen.

Wieviele Arten gibt es?

Etwa knapp 9000 Vogelarten leben heute auf der Erde. Die Zahlen, die von einzelnen Autoren angegeben werden, schwanken allerdings und liegen zwischen 8600 und 9000. Diese Unterschiede hängen z. T. damit zusammen, daß man nicht immer ganz eindeutig entscheiden kann, ob zwei Vogelformen tatsächlich verschiedene Arten darstellen oder nur Unterarten einer einzigen Art sind. Auf der Grundlage von genauen Untersuchungen, insbesondere auch des Vergleiches von Stimmen oder chemischer Analysen, stellt sich mitunter heraus, daß zwei äußerlich sehr ähnliche Vögel doch verschiedenen Arten angehören. Einige solcher Fälle werden wohl je nach Auffassung zumindest im Augenblick noch strittig bleiben müssen.
Neue Vogelarten, die der Wissenschaft noch unbekannt sind, werden heute nur noch ganz selten entdeckt, am ehesten in Südamerika, dem vogelreichsten Kontinent der Erde. Überraschungen sind aber immer wieder zu erwarten, doch wird sich die Zahl der heute lebenden Vogelarten durch Entdeckungen kaum mehr verändern. Dagegen steht zu erwarten, daß demnachst eine stattliche Reihe von Arten ausstirbt. Die Klasse der heutigen Vögel umfaßt etwa doppelt so viele Arten wie die erdgeschichtlich ungefähr gleichalten Säugetiere.
In Europa sind etwa 480 Vogelarten als Brutvögel oder als mehr oder minder regelmäßige Gäste zu erwarten. In der Bundesrepublik brüten etwa 260 Arten regelmäßig, in den Niederlanden rund 180, in der Schweiz etwa 190, in Österreich nach neuester Aufstellung 186. Die Zahl der Vogelarten hängt also auch von der Größe eines Gebietes ab. Auf einem Quadratkilometer kann man in Mitteleuropa im Durchschnitt etwa 40–45 Brutvogelarten erwarten, auf 100 Quadratkilometer etwa doppelt soviel. Das sind freilich nur ganz grobe Näherungswerte, die für reich ausgestattete naturnahe Lebensräume und Landschaften gelten.
Für den eifrigen Vogelbeobachter ist allerdings der Artenreichtum in den genannten Ländern noch größer, da auch manche Durchzügler und Gäste zu erwarten sind. Fast in jedem Jahr werden in größeren Gebieten einzelne neue Vogelarten aus anderen Regionen Europas oder sogar aus Übersee entdeckt, die sich bisher noch nicht dorthin verirrt hatten oder übersehen worden waren. Nur wenige dieser Neuentdekkungen führen freilich zu dauerhaften Ansiedlungen oder regelmäßigem Gastvorkommen. Gleichwohl ändert sich die Vogelwelt eines Gebiets ständig.

Ornithologie

Wer sind die »Ornithologen«?

Die wissenschaftliche Vogelkunde (Ornithologie) verdankt zu allen Zeiten der Tätigkeit von begeisterten Amateur-Wissenschaftlern wichtige Beiträge. Heute beträgt die Zahl der Ornithologen, die sich neben einem anderen Beruf ernsthaft mit vogelkundlichen Fragen beschäftigen, ein Vielfaches der wenigen Berufsornithologen oder der mit vogelkundlichen Themen befaßten Zoologen und Ökologen. »Ornithologe« ist übrigens keine Berufsbezeichnung und so kann man Vogelkunde auch nicht als alleiniges Berufsziel wählen. Aus beruflichen Gründen befassen sich heute mit der Ornithologie z. B. Zoologen in Universitäts- und Forschungsinstituten sowie Museen, Hochschullehrer und Fachlehrer an höheren Schulen, Mitarbeiter des mittleren, gehobenen und höheren Dienstes an Naturschutz- und Planungsbehörden, Wildbiologen, Mitarbeiter in Zoologischen Gärten, in Ausnahmefällen auch Fachkräfte der Land- und Forstwirtschaft. Einige Ornithologen arbeiten auch hauptamtlich als wissenschaftliche Mitarbeiter bei Natur- und Vogelschutzverbänden. Fachornithologen von hohen Graden finden sich daneben in fast allen Berufen. Selbst in der führenden und größten wissenschaftlichen Vereinigung in Mitteleuropa, der Deutschen Ornithologen-Gesellschaft, die bereits 1850 gegründet wurde, haben zu allen Zeiten Amateurforscher den größten Teil der Mitglieder gestellt. Neben Universitätsprofessoren und Forschern an wissenschaftlichen Instituten tragen auf den jährlich stattfindenden mehrtägigen Versammlungen dieser weltberühmten Gesellschaft Angehörige der verschiedensten Berufe als Freizeitforscher ihre Ergebnisse einem internationalen Auditorium vor.

Ornithologische Arbeitsbereiche

Fortschritte auf dem Gebiet der Vogelkunde werden heute einerseits in experimenteller Arbeit im Labor erzielt. Dieses Feld ist im wesentlichen den Fachzoologen in den Forschungsinstituten vorbehalten. Dabei bilden sich heute häufig regelrechte Arbeitsteams, Voraussetzung zur Bearbeitung komplizierter physiologischer Probleme. Aber auch die Freilandforschung an Vögeln hat andererseits über das reine Beobachten hinaus die Beantwortung schwieriger und komplexer Fragen in Angriff genommen. Da geht es z. B. um möglichst sorgfältige quantitative Registrierung der Vögel auf Probeflächen, um die Zusammensetzung von Vogelgemeinschaften in Abhängigkeit von der Struktur des Lebensraums erkennen zu können. Bestandsaufnahmen an einzelnen Arten sind Grundlagen für das Studium der Populationsdyamik, also des Auf und Ab von Vogelbeständen. Untersuchungen der Zusammensetzung der Population nach Alter und Geschlecht, Fragen der Abhängigkeit der Überlebensrate oder des Fortpflanzungserfolges von vielen Umweltvariablen u. a. mehr vertiefen solche Überlegungen. In der wissenschaftlichen Freilandarbeit sind Beringung und andere Möglichkeiten der Markierung von besonderer Bedeutung, aber auch experimentielle Eingriffe. Nahrungswahl und Nahrungsaufnahme, Fragen des Energieumsatzes, Probleme des Zugverhaltens, der Mauser usw. sind Themen moderner wissenschaftlicher Freilandornithologie. Besondere Bedeutung hat das Registrieren und Zählen von Vögeln in der Landschaft für den Naturschutz und die Planung erhalten (s. Kapitel Vogelschutz). Auf diesem Gebiet herrscht ein großes Informationsbedürfnis. Mit Bestandsaufnahmen, Kartierungen der Vogelverbreitung, Zählungen von Rastpopulationen (z. B. der Wasservögel), Siedlungsdichteuntersuchungen, langfristigen Bestandsaufnahmen (Biomonitoring), Biotopwahl, Brutbiologie usw. befassen sich daher viele Vogelkundler.

Beispiele moderner Arbeitsvorhaben der Freilandornithologie

Wie in großen Laboratorien oder interdisziplinären wissenschaftlichen Arbeitsgemeinschaften im Bereich der Institutszoologie hat man längst auch in der Freilandornithologie Arbeitsgruppen gebildet, die sich ein bestimmtes Ziel setzen oder sich für die möglichst exakte Erfassung der Vogelwelt eines Gebietes verantwortlich fühlen. Oft arbeiten dabei Amateure mit Institutszoologen zusammen, wie etwa über 10 Jahre lang an dem berühmten »Mettnau-Reit-Illmitz-Programm (MRI-Programm)« – ein langfristiges Vogelfangprogramm der Vogelwarte Radolfzell mit vielfältiger Fragestellung.

1974 bis 1983 wurden jeweils von Juni bis November, also während der gesamten Periode, in der die Zugvögel Nord- und Mitteleuropas ins Winterquartier abziehen, auf drei mitteleuropäischen Fangstationen in Süddeutschland (Mettnau am Bodensee), Norddeutschland (Reit bei Hamburg) und im Osten Österreichs (Illmitz am Neusiedler See) rund eine viertel Million Kleinvögel mit großen Netzen gefangen, untersucht und beringt. Hunderte von ehrenamtlichen Mitarbeitern kontrollierten täglich die Fangnetze und führten die notwendigen Messun-

gen unter fachlicher Anleitung aus. Viele wissenschaftliche Arbeiten sind von diesem wichtigen Programm, das weiter fortgesetzt wird, schon veröffentlicht worden; noch lange nicht alle Ergebnisse sind jedoch ausgewertet.
Die vielleicht wichtigste Veröffentlichung aus diesem gewaltigen Forschungsunternehmen erschien 1986 im »Journal für Ornithologie«, der ältesten auch heute noch bestehenden ornithologischen Zeitschrift der Welt (1853 erschien der 1. Jahrgang). Von 37 Vogelarten wurde nach komplizierten statistischen Methoden die Entwicklung der Fangzahlen errechnet. Das Ergebnis war niederschmetternd. Für 20 Arten wurden nämlich an allen drei Fangstationen negative Entwicklungen, also deutliche Bestandsrückgänge, gefunden. 14 weitere Arten zeigten mindestens auf zwei Stationen negative Trends. Nur für 10 Arten ließen sich überwiegend positive Entwicklungen nachweisen. Damit ergibt sich für 70% der untersuchten Arten ein negatives Bild. Die Gesamtzahlen der Jahr für Jahr registrierten Vogelindividuen nahmen 1,6% pro Jahr ab; in 10 Jahren also ein Verlust von 16%! Diese bisher umfassendste Untersuchung zur Situation der europäischen Vogelwelt hat beträchtliches öffentliches Aufsehen erregt. Sie ist ein wichtiges Beispiel dafür, welche Bedeutung wissenschaftliche Arbeiten für das Erkennen der Umweltsituation hat.
In der Ornithologie sind von jeher Wissenschaftler aus dem sprichwörtlichen Elfenbeinturm herausgestiegen. Die seit Anfang unseres Jahrhunderts entwickelte Beringung von Vögeln (vgl. S. 64) hat viele Amateurvogelkundler mit ihren Beringungszentralen (Adressen s. S. 182) zu gemeinsamen Anstrengungen verbunden, die **Wanderwege der Zugvögel** zu enthüllen. Das ist auch heute noch ein wichtiges Forschungsziel, zumal auch die Rettung bedrohter Zugvogelarten von der Kenntnis ihrer Wanderwege und Winterquartiere abhängt. Viele ehrenamtlich arbeitenden Beringer tragen zur Erweiterung unserer Kenntnisse bei und knüpfen auch internationale Beziehungen an. Sie werden in Fachkursen an der Vogelwarte geschult und nehmen jährlich an Fortbildungstreffen teil.
Doch die Vogelzugforschung allein, die mittlerweile auch auf technische Geräte, wie Radar und ausgeklügelte Laborforschung zurückgreifen kann, ist nicht der einzige Nutznießer der Beringung. Mindestens ebenso wichtig und für einige Arten vordringlich ist die Untersuchung der Lebensschicksale der Individuen, die zusammen eine Population (s. S. 156) aufbauen. Informationen über Lebensdauer, Bruterfolg,

Auf der Halbinsel Mettnau vor den Toren der Stadt Radolfzell wurden im Rahmen eines internationalen Forschungsprogramms der Max-Planck-Gesellschaft 10 Jahre lnag durchziehende Singvögel in feinen genormten Netzen gefangen, beringt und untersucht.

Ortstreue und Ortsbewegungen ergeben immer tiefere Einblicke in das Vogelleben und die zu berücksichtigenden Abhängigkeiten. Zu den am besten untersuchten Arten zählen der Weißstorch und die Kohlmeise. Aber auch an vielen anderen Arten werden und wurden Planberingungen durchgeführt.

Die **Entwicklung von Vogelbeständen** abzuschätzen oder Einflüsse der Umwelt auf den Bestand einer Art zu erkennen, setzt meist langfristige Zählungen und Bestandsaufnahmen voraus, die über Jahrzehnte unter annähernd vergleichbaren Bedingungen fortgesetzt werden müssen. Nur die Zusammenarbeit vieler Mitarbeiter und eine auf lange Sicht geplante Organisation können derartige Unternehmungen durchführen.

Solche Tradition haben z. B. die Vogelwärter an den Seevogelschutzgebieten, die im Auftrag gemeinnütziger Vereine mit Wissenschaftlern zusammenarbeiten. Die Auswertung der jahrzehntelang gesammelten Befunde hat heute höchste Aktualität: Spiegelt doch das Schicksal der Seevögel eindrucksvoll den katastrophalen Zustand der Nordsee wider (vgl. Grafiken rechts). Hätte man die Zeichen der Zeit rechtzeitig als Warnsignale beherzigt, wäre vielleicht manche unheilvolle Entwicklung eher gestoppt worden. Erst als es schon fast zu spät ist, schwingt man sich zu halbherzigen Rettungsversuchen der Nordsee auf, die vor Jahren wohl noch viel einfacher und billiger durchzuführen gewesen wären.

Biomonitoring nennt man systematische Langzeituntersuchungen an Tieren, die Hinweise auf Veränderungen des Wirkungsgefüges zwischen belebter und unbelebter Natur geben. Hierdurch lassen sich Risiken erkennen und abschätzen, die auf etwaige Gefahren so früh wie möglich hinweisen können. In der Freilandornithologie spielen heute Biomonitor-Programme eine große Rolle. Bestandsaufnahmen und Untersuchungen zur Dynamik von Populationen müssen freilich ergänzt werden durch entsprechende Untersuchungen im Labor (z. B. Ermittlung von Gift- und Schwermetallrückständen). Die Ornithologie kann mit ihren Ergebnissen anderen Fachdisziplinen und nicht zuletzt sozio-ökonomischen Planungen wertvolle Informationen anbieten, denn im Wissen über die biologischen Folgen von Eingriffen besteht gewaltiger Nachholbedarf.

In vielen Ländern Europas werden großangelegte **Kartierungsprogramme** durchgeführt, die möglichst lückenlos den aktuellen Stand der Verbreitung der Vögel wiedergeben. In mehreren Ländern sind bereits regelrechte Atlanten der Brutvögel erschienen, die meist auf einem Gitternetz planerisch übersichtlich aufbereitet für jede Vogelart eine Übersichtskarte enthalten. Mittlerweile wird nach ähnlichem System auch die Verbreitung der Wintervögel oder der Zugvögel in Karten erfaßt. Solche Gitternetz- oder Punktkarten sind für den Naturschutz unserer Tage unverzichtbare Grundlagen geworden. Sie liefern auch wertvolle wissenschaftliche Erkenntnisse zur Ökologie und Tiergeographie (vgl. die Beispiele auf S. 172).

Die Dimensionen der Arbeit an solchen fast ausschließlich von Amateuren durchgezogenen Projekten, deren Datenmenge meist von wenigen Wissenschaftlern am Computer aufbereitet wird, sind gewaltig. Am Vogelatlas der Niederlande, der die Verbreitung aller Vögel in jedem Mo-

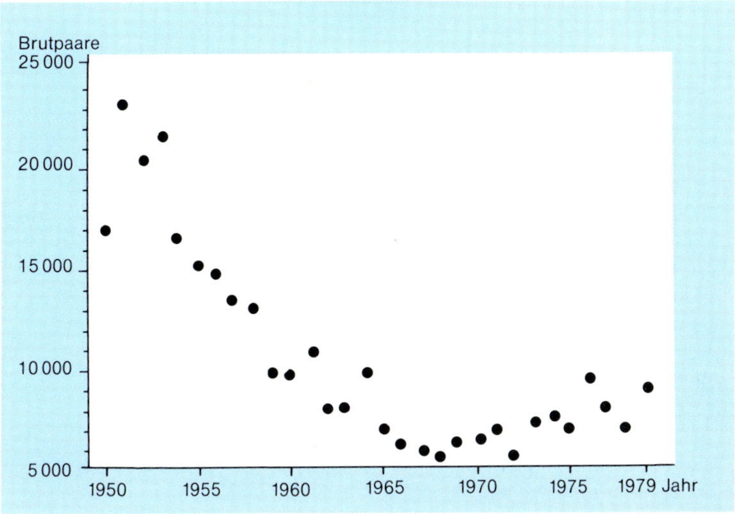

Bestandsentwicklung zweier Seeschwalben (oben) und der Silbermöwe (unten) an der deutschen Nordseeküste. Seeschwalben als spezialisierte Fischjäger wiesen durch ihre katastrophale Abnahme schon sehr früh auf drohende Gefahren hin. Silbermöwen als Abfallverwerter hatten dagegen mit der zunehmenden Verschmutzung der Küsten und ihres Hinterlandes zumindest bis Anfang der 80er Jahre »Hochkonjunktur« (Grafiken aus Becker & Erdelen, Journal für Ornithologie Band 138, 1985).

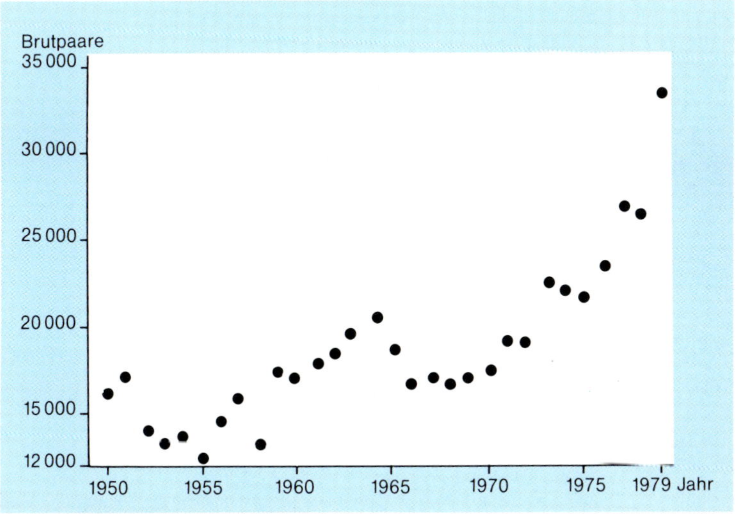

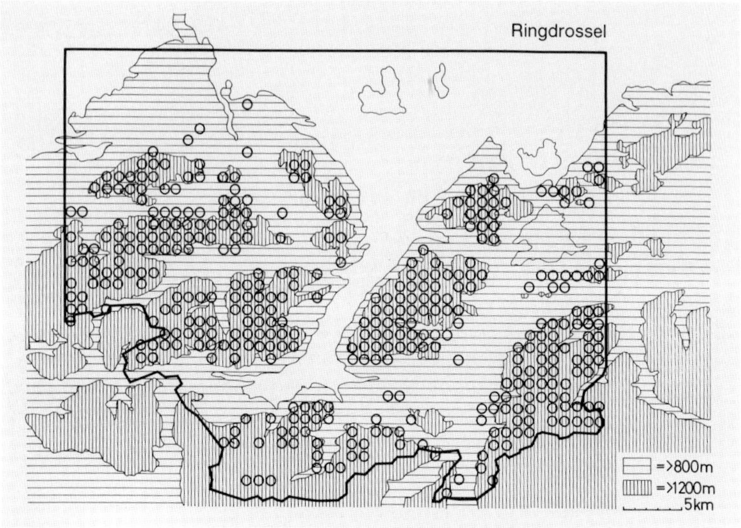

Karten der Verbreitung von Brutvögeln sind das Ergebnis der Zusammenarbeit vieler Vogelbeobachter. Unsere Beispiele zeigen einige Gitternetzkarten.

Oben: Verbreitung der Ringdrossel im Werdenfelser Land (bayerische Nordalpen). Jeder Kreis zeigt Vorkommen auf diesem Planquadrat (= 1 m^2) an. Die Art ist ein Bergwaldvogel, der nur ausnahmsweise ins Tal vordringt.

Unten: Zwei Beispiele für großflächige Kartierungen (Bayern). Jede Signatur deckt eine Fläche von 10 km^2. Kolkraben brüten nur in den Alpen und ihrem Vorland, der Ortolan dagegen braucht klimatisch warme Tieflandgebiete. Die Zeichen bedeuten: Ausgefüllte Signaturen = regelmäßiger Brutvogel; leere bzw. teilweise ausgefüllte Kreise = frühere Nachweise, doch neuere Beobachtungen fehlen; — = kein Nachweis trotz intensiver Suche im Biotop.

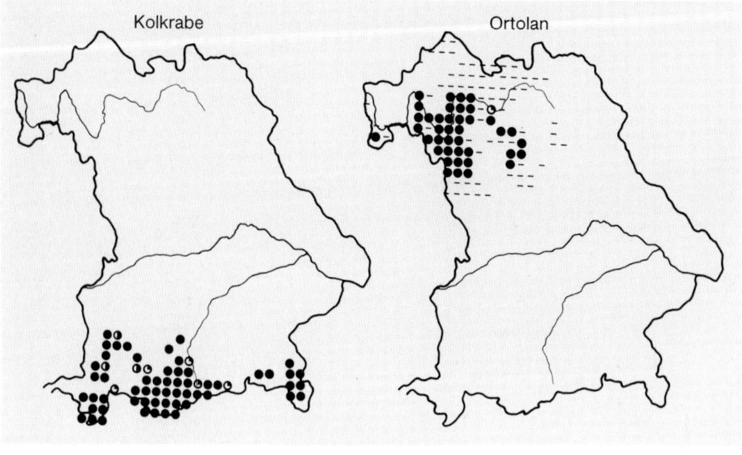

nat des Jahres auf Einzelkarten darstellt waren über 5000 Vogelbeobachter beteiligt. 220 000 Beobachtungsblätter mit insgesamt 5 Millionen Einzelbeobachtungen wurden ausgewertet! Der Atlas der Wintervögel Großbritanniens stützt sich auf über 60 000 Beobachtungskarten, die etwa 180 000 Stunden Freilandarbeit, z. T. bei schlechtem Wetter, bedeuten, von der Nacharbeit zu Hause am Schreibtisch gar nicht zu reden. Im Rheinland kartierten über 200 Vogelbeobachter in etwa 40 000 Arbeitstunden die Brutvögel und sind dabei schätzungsweise rund 300 000 km mit dem privaten Auto gefahren, selbstverständlich auf eigene Kosten.
Zahlen sagen natürlich nicht alles, doch geben sie sicher einen Eindruck von der Begeisterung der Vogelbeobachter und der Bedeutung ihrer Arbeit. Auch internationale Gemeinschaftsprojekte arbeiten seit langem, wie etwa die Internationale Wasservogelzählung, die seit Jahrzehnten die Wasservogelbestände Europas und angrenzender Gebiete überwacht (vgl. S. 176/177).

Erweiterung der Ausrüstung

Wer regelmäßig Vögel beobachtet, sollte auf alle Fälle Notizen machen, also eine Art ornithologisches Tagebuch führen. Gewissenhafte Aufzeichnungen sind Grundlage jeder vogelkundlichen Arbeit. Bei regelmäßiger Beobachtung sammeln sich rasch viele Daten an. Ein **Heimcomputer** ist daher zu empfehlen. Er läßt auch Ausweitungen der Fragestellungen durch geeignete Programme zu, zwingt zu sorgfältiger und einheitlicher Buchführung und erleichtert vor allem später die Auswertung und Zusammenstellung der Daten.
Moderne kleine **Kassettenrecorder,** auf die wir unsere Beobachtungen sprechen können, befreien uns von lästiger Schreibarbeit im Freien und erlauben vor allem, viele Details in kurzer Zeit aufzunehmen. Wenn wir rasch ablaufende Vorgänge protokollieren oder Zählungen und Schätzungen größerer Vogelmengen vornehmen, sind solche akustische Notizbücher von unschätzbarem Wert. Aber auch bei Bestandsaufnahmen einer reichhaltigen Vogelwelt im Laufe eines größeren Beobachtungsganges hält uns das Sprechen auf Recorder viel weniger vom Beobachten ab als umständliches Notieren. Wer sich genau über die Änderungen des Vogellebens in seinem Beobachtungsgebiet orientieren möchte, sei es auch nur aus privatem Interesse, darf nicht vergessen, daß auch negative Feststellungen wichtig sind. Eine kurze Beschreibung der jeweiligen Beobachtungsgänge, der Routen, der besuchten Plätze, Angaben von

Uhrzeit, Dauer der Beobachtung, Wetterbedingungen, besondere Vorkommnisse usw. können später sehr wichtige Hinweise darauf geben, ob wir eine Vogelart einfach übersehen haben, weil wir nicht an den richtigen Plätzen waren, oder ob sie offenbar wirklich im Beobachtungsgebiet für längere Zeit gefehlt hat oder ganz verschwunden ist. Gleichgültig, wie intensiv wir uns mit der Vogelwelt beschäftigen wollen, schon nach kurzer Zeit ist es unmöglich, alles im Gedächtnis zu behalten. Unser Erinnerungsvermögen reicht nicht aus, über mehrere Jahre die Ankunft der Schwalben am Nest im Haus oder die Zahl der Amseln im Garten, geschweige denn zahlreiche Eindrücke bei längeren Beobachtungsgängen zu ordnen und zu speichern. Etwas Schreibtischarbeit muß also die Beobachtungen der freien Natur unbedingt ergänzen.

Sollten aus der Vertiefung unserer Kenntnisse die Neigung entstehen, sich eingehender fachlich zu orientieren oder gar an wissenschaftlichen Fragestellungen mitzuarbeiten, sind einige weitere Schritte nötig. Unbedingt wichtig ist der **Kontakt zu anderen Vogelbeobachtern,** den wir am besten durch Mitgliedschaft in einem Verband oder Verein herstellen können. Auskünfte hierüber sind bei den am Ende dieses Buches mitgeteilten Institutionen und Verbänden zu erhalten.

Auch eine **kleine Fachbibliothek** sollten wir uns im Laufe der Zeit anschaffen, die nicht nur einige Standardwerke der Vogelkunde enthält, sondern auch mindestens eine Fachzeitschrift. Der Bezug einer Zeitschrift hält uns auf dem Laufenden und kann uns oft Anregung für eigene Untersuchungen vermitteln. Fachliteratur ist aber teuer und nicht jeder wird sich alle Bücher und Zeitschriften anschaffen können, die ihn interessieren. Schon aus diesem Grunde ist es wichtig, Verbindungen aufzubauen, die uns auch Literaturtausch und -einsicht ermöglichen.

Für manche Vorhaben ist auch eine **Verbesserung unserer optischen Ausrüstung** noch zu empfehlen. Das Auszählen großer Vogelschwärme, vor allem auf dem Wasser oder auf weiten offenen Flächen, das Absuchen größerer Felswände oder die eingehende Beobachtung des Verhaltens einzelner Individuen aus größerer Entfernung stellt oft Anforderungen, die ein normaler Feldstecher auch ausgezeichneter Qualität nicht mehr erfüllen kann. Viele Feldornithologen besitzen daher neben ihrem Feldstecher auch noch ein stärker vergrößerndes Fernrohr. Als Vergrößerungen haben sich Werte von 25- bis etwa 40fach am besten bewährt. Aus Kosten- und Gewichtsgründen sind meist monokulare Fernrohre üblich. 3 Typen lassen sich unterscheiden: Linsenfernrohre, Prismenfernrohre und Spiegelteleskope. Die ersteren muß man vor dem Einsatz erst ausziehen. Dies hat den Nachteil einer etwas umständlicheren Einstellung; sie sind auch nicht ganz so regenfest wie aus einem Stück bestehende Rohre. Andererseits kann man Linsenfernrohre auf handliches Format zusammenschieben und leicht im Rucksack transportieren. Neuerdings gibt es aber auch recht kurze Prismenfernrohre. Spiegelteleskope sind den anderen beiden Typen optisch überlegen, erfreulich kurz, haben aber bei stärkeren Vergrößerungen einen beachtlichen Durchmesser; gute Modelle sind außerdem sehr teuer! Wichtig ist wie beim Fernglas, daß man beim Kauf vor allem Bildschärfe, Blickfeld und Lichtstärke prüft. Auch sollte das Hantieren mit Schärfeeinstellung, Wahl der Vergrößerung usw. nicht zu umständlich sein. Beim Vogelbeobachten kann es auf Sekunden ankommen.

Fernrohre lassen sich allerdings in der Regel nicht mehr ruhig mit freier Hand vor dem Auge halten. Das Auflegen auf eine feste Unterlage oder die Verwendung einer Klemmschraube zur Sicherung kann zumindest vorübergehend Abhilfe schaffen. Der volle Einsatz eines Fernrohrs ist aber nur mit einem möglichst stabilen Stativ möglich, das im ausgezogenen Zustand die Beobachtung aus dem bequemen Stand erlauben sollte. Muß man hinter dem Fernrohr eine gekrümmte Haltung einnehmen, stellen sich leicht Ermüdungen ein. Das Fernrohr muß in der Horizontalen und Vertikalen leicht beweglich, aber auch ebenso rasch in jeder gewünschten Richtung feststellbar sein. Ein Kinoschwenker mit Drehgriff eignet sich am besten für die Bedienung des Fernrohrs. Freilich werden damit die Zusatzgeräte zum Einsatz des Fernrohrs ziemlich gewichtig und man wird sich überlegen müssen, wie weit man vom Gewicht her Zugeständnisse an die Stabilität der Fernrohrunterlage machen kann.

Weitere Ausrüstungsgegenstände für den Feldornithologen ergeben sich je nach Art der Untersuchung. Verschiedene Meßgeräte, Kompaß, Tonband mit Parabolspiegel, Funksprechgeräte, aber auch einfache Zähluhren zum Auszählen von größeren Vogelschwärmen haben sich in verschiedenem Zusammenhang sehr bewährt. Bei längerer Freilandarbeit darf man auch nicht vergessen, ein besonders sorgfältiges Augenmerk auf die Ausrüstung an Kleidung zum Schutz vor der Witterung zu richten. Gerade bei Erhebungsprogrammen dauern die Aufenthalte im Freien oft länger als geplant.

Ornithologie

Ornithologie international

In den meisten Ländern Europas gibt es heute ornithologische Institute und ornithologische Gesellschaften. Einen besonders hohen Standard hat vor allem die Freilandornithologie in Großbritannien, in den Niederlanden und in den skandinavischen Ländern. Die größten Zentren der Ornithologie liegen aber mittlerweile in den USA und auch in Kanada werden Forschungsprojekte vor allem an jagdbaren Vögeln (Enten, Hühner) mit einem organisatorischen Engagement betrieben, wie es bei uns bisher unbekannt ist. Australien hat bereits vor Jahren einen dickbändigen Atlas seiner Vögel publiziert und Neuseeland ist das Gastland des Internationalen Ornithologenkongresses 1990.

In vielen Ländern Afrikas, Asiens und Südamerikas geht der Beginn der wissenschaftlichen Ornithologie auf Europäer zurück, in Asien und im östlichen Afrika z. B. vor allem auf englische Kolonialbeamte und Wissenschaftler. Diese Phase des sich aus der Geschichte ergebenden Einflusses Europas auf die Entwicklung der Ornithologie in Gebieten, die von den nördlichen Subtropen bis zum Südpol reichen, wird in vielen Ländern durch die Entwicklung einer eigenständigen ornithologischen Forschung nunmehr abgelöst oder zumindest ergänzt.

Die internationale Entwicklung der Ornithologie hat nicht nur das Ziel, die Vögel und ihre Lebensbedingungen in möglichst vielen Gebieten der Erde zu erforschen. Ganz besonders wichtig ist die internationale Zusammenarbeit, denn viele Probleme reichen weit über politische oder geographische Grenzen hinaus. Das gilt ganz besonders für die Erforschung vieler Erscheinungen des Vogelzugs, der Tiergeographie und Ökologie sowie des Vogelschutzes. Multinationale Forschungsprojekte und Zusammenarbeit über nationale Grenzen hinweg haben daher in der heutigen Ornithologie einen hohen Stellenwert und alle großen Vereinigungen setzen sich aus Mitgliedern vieler Nationen zusammen. Für viele Probleme, aber auch zur Erforschung der Lebensweise und des Schutzes einzelner Arten oder Artengruppen gibt es internationale Arbeitsgemeinschaften; manche von ihnen arbeiten weltweit.

Das größte internationale Ereignis der Ornithologie ist der alle vier Jahre stattfinddende **Internationale Ornithologen-Kongreß,** der 1884 zum ersten Mal in Wien stattfand und mittlerweile zu einer umfangreichen Veranstaltung herangewachsen ist. So nahmen am 19. Internationalen Kongreß 1986 in Ottawa über 1200 Ornithologen aus 65 Nationen

teil; die dort gehaltenen Vorträge umfassen 2800 Druckseiten.
Die größte internationale Vereinigung ist der schon 1922 als ältestes internationales Naturschutzgremium gegründete **Internationale Rat für Vogelschutz** (International Council for Bird Preservation, ICBP, 32 Cambridge Road, Girton, Cambridge CB3 OPJ) mit 330 Mitgliederorganisationen in 100 Staaten, die insgesamt mehr als 10 Millionen Mitglieder vertreten. Mit vielen Arbeitsgruppen und praktischen Hilfsmaßnahmen versucht der Rat vor allem auch dort den Schutz der Vogelwelt auf wissenschaftlicher Grundlage voranzutreiben, wo einheimische Möglichkeiten fehlen oder begrenzt sind. So liegen die Schwerpunkte der Forschung heute vor allem in Bereichen der Tropen und auf vielen Inseln. Publikationsreihen informieren Wissenschaftler und Öffentlichkeit der ganzen Welt über die Ergebnisse und vorrangigen Schutzmaßnahmen.
Andere Arbeitsgemeinschaften befassen sich mit einzelnen Vogelgruppen; so ist z. B. die Weltarbeitsgruppe für Greifvögel und Eulen sehr aktiv und hat umfassende Publikationen herausgebracht. Der ICBP biete eine Möglichkeit, ornithologische Forschung auch der Politik nahezubringen.
In vielen Ländern Europas gibt es heute ornithologische Beobachtungs- und Forschungsstationen, die als dauernde Einrichtungen arbeiten oder auch nur zu bestimmten Jahreszeiten besetzt sind. An vielen von ihnen werden Vögel in größerer Zahl beringt. Ottenby in Schweden, Rybatschij auf der Kuhrischen Nehrung, Fair Isle in Großbritannien, Col de Bretolet im Wallis, La Tour du Valat in Südfrankreich, Coto de Doñana in Südspanien oder Helgoland sind nur einige der Namen, die jedem Ornithologen geläufig sind. Ornithologische Arbeit bildet auch an vielen Instituten und Einrichtungen einen Schwerpunkt, die als Forschungszentren sich der jeweiligen Tierwelt und ihres Schutzes widmen, z. B. in Nationalparken und anderen Schutzgebieten.
Nationale ornithologische Gesellschaften bemühen sich vor allem um die Förderung der Ornithologie in ihrem Lande und bieten häufig auch Besuchern und Gästen Möglichkeiten der Beobachtung und Forschung. Die Kontakte werden erfreulicherweise immer vielseitiger, wozu jährlich internationale Tagungen und Fachtreffen beitragen. Ein besonders eindruckvolles Beispiel der hervorragend organisierten Zusammenarbeit zwischen Berufsornithologen und Amateuren ist der British Trust for Ornithology, dem über 5000 Mitglieder angehören, die an großen Forschungsprogrammen mitarbeiten.

Vogelkundliche Literatur – eine kommentierte Auswahl

Die Übersicht enthält nur eine kleine Auswahl der Fachliteratur in deutscher Sprache. Neben Büchern, Zeitschriften und Tonträgern, die in erster Linie für die Praxis des Vogelbeobachtens von Interesse sind, enthält die Liste auch einige Hinweise auf weiterführende wissenschaftliche Literatur, die man nicht unbedingt besitzen muß, die aber den spezieller Interessierten in die Vogelkunde und ihre Probleme einführt und viele Fragen beantworten hilft.
Die Kommentare sollen besonders den Anfänger kurz informieren, inwieweit ein Titel für seine Ansprüche geeignet ist.

Feldführer
Bestimmungsbücher zum Ansprechen der Vogelarten im Taschenbuchformat.

Bezzel, E. (seit 1983): Vögel. BLV Intensivführer. 3 Bände. BLV Verlagsgesellschaft, München, Wien, Zürich.
Nicht nur Bestimmungsbuch, sondern ausführlicher vertiefender Text, der über die einzelnen Arten Hintergrundinformationen vermittelt. Viele Farbzeichnungen und Farbfotos; alle wichtigen Arten Mitteleuropas, doch keine Seltenheiten. Je ein Band Singvögel – Spechte, Eulen, Greifvögel, Tauben, Hühner u. a. – Wasservögel. Strapazierfähiger Kunststoffeinband.

Bruun, D., A. Singer & C. König (1986): Der Kosmos-Vogelführer. Die Vögel Deutschlands und Europas. Franckh'sche Verlagshandlung Stuttgart.
Die Vögel Europas in guten, bei Singvögeln auch recht großen Farbbildern; Text oft kurz; mehrfarbige Verbreitungskarten. Paperback in Kunststoffhülle.

Ferguson-Lees, J., & I. Willis (1987): Vögel Mitteleuropas. BLV Verlagsgesellschaft, München, Wien, Zürich.
Alle Vögel Mitteleuropas, auch Ausnahmegäste; sehr gute farbige Abbildungen, oft mehr Kleider bei den einzelnen Arten beschrieben und abgebildet als in anderen Feldführern; zweifarbige Verbreitungskarten (nur für Mitteleuropa). Solider Einband.

Heinzel, H., R. Fitter & J. Parslow (1972): Pareys Vogelbuch. Verlag Paul Parey, Hamburg u. Berlin.
Alle Vögel Europas, Nordafrikas und des Mittleren Ostens farbig abgebildet (also vor allem für reiselustige Vogelbeobachter geeignet); Bilder meist sehr gut, doch etwas klein; bei manchen Gruppen verwirrt den Anfänger die große Zahl der bei uns

nicht vorkommenden Vögel. Text sehr kurz; mehrfarbige, aber kleine Verbreitungskarten. Paperback, daher wenig strapazierfähig.

Perrins, C. (1987): Vögel. Pareys Naturführer Plus. Verlag Paul Parey, Hamburg u. Berlin.
Handliches Taschenbuch mit sehr guter Einführung in die Biologie des Vogels und einem Bestimmungsteil, in dem die Vögel Europas farbig abgebildet sind. Doch Bilder und Verbreitungskarten z. T. winzig und Text kurz. Als Bestimmungsbuch vor allem für den Anfänger verwirrend. Paperback.

Peterson, R. T., G. Mountfort & P. A. D. Hollom (1985): Die Vögel Europas. Verlag Paul Parey, Hamburg u. Berlin.
Alle Vögel Europas auf sehr guten Farbtafeln; Hinweispfeile auf besonders wichtige Bestimmungsmerkmale, Eiertafeln und zweifarbige Verbreitungskarten; Anhang über Ausnahmegäste; recht ausführlicher, sehr gut bearbeiteter Text; relativ ausführliches Literaturverzeichnis. Der Klassiker unter den Vogelführern. Solider Einband.

Vogelstimmen

Bergmann, H.-H., & H. W. Helb (1982): Die Stimmen der Vögel Europas. BLV Verlagsgesellschaft, München, Wien, Zürich.
Umfassendes Buch über Vogelstimmen, das für die meisten europäischen Arten Sonagramme abbildet, die Lautäußerungen beschreibt.

Roché, J. C. (1984): Die Vogelstimmen Europas. Franckh'sche Verlagshandlung, Stuttgart.
Drei Kassetten mit Rufen und Gesängen von 400 Vogelarten Europas und Nordafrikas; Laufzeit 228 Minuten. Ausschnitte hat der Verlag in kleineren Kassetten herausgebracht.

Einführungen in die Vogelkunde und allgemeinverständliche Darstellung einiger Teilgebiete

Bergmann, H. H. (1987): Die Biologie des Vogels. Aula-Verlag, Wiesbaden.
Hervorragende Einführung in viele wissenschaftliche Fragestellungen der Ornithologie und Aspekte des Vogellebens. Wissenschaftliches Niveau, doch ohne spezielle Vorbildung verständlich. Reich mit Textzeichnungen ausgestattet.

Brown, R., J. Ferguson u. a. (1988): Federn, Spuren und Zeichen der Vögel Europas. Gerstenberg Verlag, Hildesheim.
Ein sehr hübsch bebildertes Buch des Spurenlesens. Behandelt sind u. a. Fußspuren, Nester, Fraßspuren und vor allem Federn zur Bestimmung von Rupfungen.

Anhang

Burton, R. (1985): Das Leben der Vögel. Franckh'sche Verlagshandlung, Stuttgart.
Reich mit Farbfotos ausgestattete, leicht verständliche allgemeine Einführung in das Verhalten der Vögel. Viele Beispiele betreffen exotische Arten.

Curry-Lindahl, K. (1982): Das große Buch vom Vogelzug. Verlag Paul Parey, Hamburg u. Berlin.
Ein umfassendes Buch über den Vogelzug in aller Welt; beschreibt vor allem auch den Ablauf des Vogelzuges und das Verhalten der Zugvögel in allen Erdteilen; mit vielen Textzeichnungen und farbigen Tafeln.

Löhrl, H. (1984): Vögel in ihrer Welt. Franckh'sche Verlagshandlung, Stuttgart.
Von einem hervorragenden Kenner mit großer Erfahrung eine Einführung in das Verhalten einheimischer Vögel mit vielen Beispielen. Reich bebildert.

Nachtigall, W. (1987): Vogelflug und Vogelzug. Verlag Rasch und Röhring, Hamburg.
Etwas anspruchsvolle interessante Einführung in das schwierige Kapitel Vogelflug und interessante Teilbereiche des Vogelzugs aus der Sicht eines Physiologen; reich bebildert, viele Grafiken.

Pölking, F. (1987): Vogelfotografie. Kilda-Verlag, Greven.
Viele grundlegend wichtige Anleitungen zur Vogelfotografie mit zahlreichen Bildbeispielen; auch für den Amateur sehr geeignet und ein regelrechtes Standardwerk.

Vogelschutz

Blab, J. (1986): Grundlagen des Biotopschutzes für Tiere. Kilda Verlag, Greven.
Umfassende Übersicht über die Maßnahmen des Biotopschutzes auf wissenschaftlicher Grundlage. Vor allem für Arbeitsgruppen ein wichtiger Leitfaden, doch nicht in erster Linie eine praktische Anleitung sondern eine Grundlage.

Remmert, H. (1988): Naturschutz. Springer Verlag, Heidelberg, Berlin usw.
Ein Lesebuch im Taschenbuchformat, das nicht speziell den Vogelschutz behandelt, sondern ganz allgemein zum Nach-, aber auch zum Umdenken anregt.

Schreiber, R., A. W. Diamond, H. Stern, G. Thielcke (1987): Rettet die Vogelwelt. O. Maier Verlag, Ravensburg.
Das umfassendste und wichtigste Buch über den Vogelschutz in allen Teilen der Welt. Grundlegende Informationsquelle; außerordentlich reich bebildert.

Steinbach, G. (1988): Werkbuch Naturschutz. Franckh'sche Verlagshandlung, Stuttgart.
Ein praktisches Arbeitsbuch: Selbstbau-Anleitungen für den Vogel-, Fledermaus-, Kröten- und Insektenschutz.

Handbücher

Bezzel, E. (1985): Kompendium der Vögel Mitteleuropas. Nichtsingvögel. Aula Verlag, Wiesbaden.
Straff gefaßte Übersicht über alles Wissenswerte der in Mitteleuropa vorkommenden Nichtsingvögel zum Nachschlagen.

Glutz von Blotzheim (Hrsg., seit 1966): Handbuch der Vögel Mitteleuropas. Aula Verlag, Wiesbaden.
Von diesem wichtigsten Standardwerk der Vögel Mitteleuropas sind bis jetzt 11 Bände erschienen. Das Gesamtwerk ist mit 14 Bänden abgeschlossen. Die einzelnen Arten werden ausführlich abgehandelt, z. B. Feldkennzeichen, Mauser, Verbreitung, Brutbiologie, Verhalten. Viele Mitarbeiter fassen das Wissen auf dem jeweils neuesten Stand zusammen.

Verbreitung und Ökologie der Vögel

Bezzel, E. (1982): Vögel in der Kulturlandschaft. Eugen Ulmer Verlag, Stuttgart.
Geschichte und Schicksal der Vögel als Grundlage zum Verständnis der Verbreitung der Vögel in der heutigen Kulturlandschaft. Wissenschaftliche Darstellung der Vogelwelt in typischen Lebensräumen und Bewertung von Veränderungen.

Rheinwald, G. (1982): Brutvogelatlas der Bundesrepublik Deutschland. Kartierung 1980. Schriftenreihe des Dachverbandes Deutscher Avifaunisten Nr. 6.
Kartierung aller Brutvogelarten der Bundesrepublik Deutschland auf einem Rastergitter 25 × 25 km. Die Broschüre faßt die Ergebnisse auf einen Blick kurz zusammen und versucht auch, die Häufigkeit der meisten deutschen Brutvögel zu schätzen.

Schifferli, A., P. Géroudet & R. Winkler (1980): Verbreitungsatlas der Brutvögel der Schweiz. Schweizerische Vogelwarte, Sempach.

Zeitschriften zu Fragen des Vogelschutzes

Naturschutz heute. Herausgegeben vom Deutschen Bund für Vogelschutz.
Vogelschutz. Herausgegeben vom Landesverband für Vogelschutz in Bayern.
Berichte der Deutschen Sektion des Internationalen Rates für Vogelschutz.

Anhang

Zeitschriften, in denen vor allem Beobachtungsergebnisse aus dem Freiand veröffentlicht werden

Die Vogelwelt. Verlag Duncker & Humblot, Berlin.

Ökologie der Vögel. Herausgegeben vom Kuratorium für avifaunistische Forschung in Baden-Württemberg.

Limicola. Zeitschrift für Feldornithologie. Redaktion D-3410 Northeim.

Beiträge zur Vogelkunde. VEB G. Fischer-Verlag, Jena.

Der Ornithologische Beobachter. Herausgegeben von der Ala, Schweizerische Gesellschaft für Vogelkunde und Vogelschutz.

Egretta. Vogelkundliche Nachrichten aus Österreich. Herausgegeben von der Österreichischen Gesellschaft für Vogelkunde, Wien.

Über Fachliteratur in aller Welt referiert

Ornithologische Schriftenschau. Dachverband Deutscher Avifaunisten.

Zeitschrift für alle Fachgebiete der Ornithologie und älteste ornithologische Fachzeitschrift der Welt

Journal für Ornithologie. Herausgegeben von der Deutschen Ornithologen-Gesellschaft (Redaktion Garmisch-Partenkirchen).

Viele ornithologische Zeitschriften mit regionalen Schwerpunkten geben im Dachverband Deutscher Avifaunisten zusammengeschlossene Vereine heraus. Man kann sich beim Dachverband über Vereine und Zeitschriften erkundigen.

Ornithologenkalender. Jahrbuch für Vogelkunde und Vogelschutz. Erscheint jährlich beim Aula Verlag, Wiesbaden.

Anschriften

Institute

Frankfurt: Staatliche Vogelschutzwarte für Hessen, Rheinland-Pfalz und Saarland, Steinauer Str. 46, D-6000 Frankfurt/M. 61. Tel. 069/411532

Garmisch-Partenkirchen: Bayerische Landesanstalt für Bodenkultur und Pflanzenbau, Institut für Vogelkunde, Gsteigstr. 43, D-8100 Garmisch-Partenkirchen. Tel. 08821/2330

Hamburg: Staatliche Vogelschutzwarte, Adenauerallee 10, D-2000 Hamburg 1. Tel. 040/24825(1)/2226

Hannover: Niedersächsisches Landesverwaltungsamt, Fachbehörde für Naturschutz (mit Sachgebiet Vogelschutz), Scharnhorststr. 1, D-3000 Hannover 1. Tel. 0511/1085333

Helgoland: Inselstation Institut für Vogelforschung, Postfach 1220, D-2192 Helgoland. Tel. 04725/306

Illmitz: Biologische Station Neusiedler See, A-7142 Illmitz

Karlsruhe: Landesanstalt für Umweltschutz Baden-Württemberg, Institut für Ökologie und Naturschutz, Referat: Artenschutz, Staatl. Vogelschutzwarte, Bannwaldallee 32, Postfach 210752, D-7500 Karlsruhe 21. Tel. 0721/8406-411

Kiel: Staatliche Vogelschutzwarte Schleswig-Holstein, Olshausenstr. 40–60, D-2300 Kiel. Tel. 0431/8804502/3

Radolfzell: Vogelwarte Radolfzell am Max-Planck-Institut für Verhaltensphysiologie, D-7760 Radolfzell 16. Tel. 07732/15010

Recklinghausen: Landesanstalt für Ökologie, Landesentwicklung und Forstplanung Nordrhein-Westfalen – Vogelschutzwarte –, Leibnitzstr. 10, D-4350 Recklinghausen. Tel. 02361/305290

Sempach: Schweizerische Vogelwarte, CH-6204 Sempach

Wilhelmshaven: Institut für Vogelforschung »Vogelwarte Helgoland«, An der Vogelwarte 21, D-2940 Wilhelmshaven-Rüstersiel. Tel. 04421/61800

Vereine und Verbände

Ala, Schweizerische Gesellschaft für Vogelkunde und Vogelschutz, Krähenbergstr. 53, CH-2543 Lengnau

Deutsche Ornithologen-Gesellschaft (DO-G), c/o Wolfgang Stauber, Postfach 106013, Deutsche Bank AG, D-7000 Stuttgart 10. Tel. 0711/1252380

Deutscher Bund für Vogelschutz, Bundesgeschäftsstelle, Am Hofgarten 4, D-5300 Bonn 1. Tel. 0228/221411 (mit zahlreichen Landesverbänden)

Deutscher Jugendbund für Naturbeobachtung (DJN), Buchenstr. 18, D-2000 Hamburg 60

Dokumentationsstelle für seltene Vogelbeobachtungen – Bundesdeutscher Seltenheitsausschuß im DDA, Geschäftsführung Peter H. Barthel, Thieplatz 6A, OT Hollerstedt, D-3410 Northeim, Tel. 05551/51236

Internationaler Rat für Vogelschutz, Deutsche Sektion, Kirchenstr. 8, D-8543 Hilpoltstein

Landesbund für Vogelschutz in Bayern e.V., Kirchenstr. 8, D-8543 Hilpoltstein

Österreichische Gesellschaft für Vogelkunde, Burgring 7, A-1010 Wien

Schweizerisches Landeskomitee für Vogelschutz (SLKV), Oberdorf, CH-8164 Bachs

Anhang

Einige Verbände außerhalb des deutschsprachigen Mitteleuropa

Großbritannien:
British Trust for Ornithology (BTO), Beech Grove, Tring, Herts HP23 5NR, England
The British Ornithologists' Union, c/o British Museum (National History), Sub-Department of Ornithology, Tring, Herts HP23 6AP, England

The Scottish Ornithologists' Club, 21 Regent Terraca, Edinburgh EH7 5BT, Scotland

Frankreich:
Société d' Etudes Ornithologiques, Ecole Normale Supérieure, Laboratoire de Zoologie; 46, rue d'Ulm, F-75230 Paris Cedex 05, Frankreich

Spanien:
Sociedad Espaniola de Ornitologia, Fac. Biologia, Pl. 9, E-28040 Madrid

Italien:
Lega Italiana per la Protezione degli Uccelli (LIPU), vicolo S. Tiburzio, Parma, Italien

Societá Ornitologica Italiana (SOI), c/o Museo di Storia Naturale. Logettao Lombardesca, I-48100 Ravenna

Malta:
Malta Ornithological Society, P. O. Box 493, Valletta, Malta

Niederlande:
Nederlandse Vereniging tot Bescherming van Vogels, Driebergseweg 16 C, NL-3708 Jb, Zeist
Nederlandse Ornithologische Unie, c/o Rijksinstituut voor Natuurbeheer, P. O. Box 9201, NL-6800 HB, Arnhem

Belgien:
Ligue Belge pour la Protection des Oiseaux (L. B. P. O.), 14 Durentidlei, B-2130 Brasschaat
Aves, Société d'Études Ornithologiques, rue de la Cambre, 16, boite 2, B-1200 Brüssel
Koninklijke Verenigung voor Vogelen Natuurstudie de Wielewaal, Graatakker 11, B-2300 Turnhout

Dänemark:
Dansk Ornitologisk Forening, Vesterbrogade 140, DK-1620 Kopenhagen V

Schweden:
Sveriges Ornitologiska Förening, Box 14219, S-10440 Stockholm

Finnland:
The Finnish Ornithological Society, P. Rautatiekatu 13, SF-00100 Helsinki

Naher und Mittlerer Osten:
The Ornithological Society of the Middle East (OSME), c/o The Lodge, Sandy, Beds., SG19 2DL, England

Register

Fett gedruckte Zahlen bei Vogelnamen verweisen auf Abbildungen

Register

Register

Register